Les Visages de la mélancolie

Volet III

Brigitte Cassirame

Les Visages de la mélancolie

Volet III

Publibook

Retrouvez notre catalogue sur le site des Éditions Publibook :

http://www.publibook.com

Éditions Publibook
14, rue des Volontaires
75015 PARIS – France
Tél. : +33 (0)1 53 69 65 55

IDDN.FR.010.0114927.000.R.P.2010.030.31500

Cet ouvrage a fait l'objet d'une première publication aux Éditions Publibook en 2010

À Éric Poloni.

Introduction

Présentant les *Textes anciens et inédits* de Truman Capote, Mark Schorer explique dans sa préface de 1962 que le *Doppelgänger*, « le moi double, où le surnaturel n'est en fait qu'une métaphore pour désigner le monde dans lequel se meut cet autre moi que nous ne parvenons jamais à atteindre dans le monde social », est le thème central des nouvelles. C'est précisément cet « autre moi » que notre étude tentera de définir et d'explorer à travers la grille psychanalytique et textanalytique de la mélancolie.

Dans ce troisième volet[1] sur *Les Visages de la mélancolie* consacré au motif de la schizophrénie comme moteur de la bile noire, nous nous attacherons d'abord à un corpus de quatre nouvelles fantastiques de Truman Capote : *L'Arbre de nuit*, *Miriam*, *L'Épervier sans tête* et *Monsieur Maléfique*. Deux autres textes du même recueil[2] nous permettront de lancer des perspectives vers une réflexion autour de la notion du chant mélancolique, dont la Nouvelle-Orléans serait le creuset. Le premier texte de ce doublet échappe à tout classement générique et a pour titre le nom de la ville emblématique du blues, « Nouvelle-Orléans ». Capote y livre une version très personnelle et faussement touristique de sa cité natale. Le second récit, plus poignant, *La Guitare de diamants*, se déroule dans une ferme-prison et narre une rencontre tragique sur un fond musical nostalgique.

Cette étude nous amènera à découvrir d'autres chants du monde qui racontent la souffrance et la profonde tristesse d'hommes et de femmes croulant sous le labeur, depuis le Moyen Âge jusqu'au XXe siècle, du blues du sud des États-Unis au chant de toile ou de la meule, en Europe et dans l'océan Indien.

---

[1] Le premier volet analyse le personnage de l'ogre à travers les contes de Perrault et une adaptation de la Barbe Bleue par Fritz Lang, *Le Secret derrière la porte*. Le deuxième volet propose une étude du *Guépard* de Lampedusa et de son adaptation par Luchino Visconti, « le Prince qui courtisait la mort ». Les deux ouvrages ont été publiés par Publibook en 2007 et 2008.

[2] Toutes les nouvelles étudiées sont extraites du recueil de nouvelles de Truman Capote édité à la « NRF » : *Morceaux choisis, textes anciens et inédits*, préface de Mark Schorer, Paris, Gallimard, 1953, 1959, 1962, 1964 pour la traduction française.

Dans un premier temps, il s'agira de montrer en quoi le dédoublement de la personnalité dont les personnages de ces nouvelles sont victimes fonctionne plus comme la métaphore d'une profonde mélancolie et moins comme une véritable maladie mentale. Les personnages que nous suivrons ne sont pas des fous au sens clinique du terme : ils sont frappés d'une forme de désocialisation, première conséquence de la bile noire. Ils vivent en quelque sorte une *déliaison*, une séparation d'avec leur entourage immédiat, qui les projettent dans un nouvel espace, cet autre monde que Capote transcrit et peint à travers une métaphysique onirique, à la manière de Giorgio de Chirico ou de Magritte, dont les tableaux semblent servir de toile de fond au cheminement des personnages – des hommes et des femmes atteints de mélancolie –, leur offrant un décor irréel, flou et vaporeux, voire déformé ou violent. L'originalité de Truman Capote réside en effet dans cette esthétisation et picturalisation de la maladie de l'âme. Notre parcours mythocritique et textanalytique nous permet de saisir quelques aspects de ce spleen, sans doute imprégné des blues et du jazz de la Nouvelle-Orléans où Capote est né. Cette ville hante l'écriture de ces cinq nouvelles, même si l'histoire trouve un cadre ailleurs, notamment à New York. Il semble que la ville sudiste suive les personnages dans leurs pérégrinations et provoque une sorte de phénomène d'entropie et de chute, les conduisant à effectuer comme une catabase dans un espace qui pourtant incarnait le renouveau. Il reste que Truman Capote lui-même, en orchestrateur des textes, ne peut échapper à l'atmosphère si particulière de sa ville natale, et de fait, il injecte ce lieu originel dans la plupart de ses nouvelles comme s'il lui était impossible d'écrire loin de lui, de se séparer de ce royaume d'enfance. L'auteur crée alors une véritable poétique de la nostalgie : écrire revient à « revenir » à cet endroit, et cette écriture devient le lieu même d'une hantise, une crypte où se perdent les personnages porteurs de la douleur de leur auteur. Capote serait pour ainsi dire le cryptophore de la Nouvelle-Orléans, et ses créatures de papier ses fantasmophores. Les notions de cryptophore et de fantasmophore sont empruntées à Marie-Ange Depierre : « Dans le murmure de son désir, le fantasmophore est doublé et même dédoublé par son fantôme, devenant écho et bégaiement d'un autre désir. Mais il n'en demeure pas moins fascinant au cours de sa quête de pèlerin aveugle et de sa remontée vers la source qu'il ne connaît pas ». C'est par ces termes que Marie-Ange Depierre expose son projet d'explorer le cheminement de quelques fantasmophores célèbres de la littérature : Hamlet, les personnages du *Rivage des Syrtes* de Gracq et du *Roi des Aulnes* de Tournier. L'auteur de *Paroles fantomatiques et cryptes textuelles* s'intéresse plus particulièrement à la figure du fantôme à travers son héritier, le fantasmophore, c'est-à-dire

« celui qui porte le fantôme », et à la notion complexe de cryptophore, identifiée par les deux psychanalystes Nicolas Abraham et Maria Torok. Elle applique à l'analyse littéraire la théorie psychanalytique selon laquelle un patient mélancolique et suicidaire serait porteur d'une « crypte » parentale, à savoir l'inconscient douloureux d'un parent : « par leur concept de crypte, Nicolas Abraham et Maria Torok introduisent une structure où la crypte n'est plus une métaphore de l'inconscient, chose bien connue des littéraires, mais où elle est dans le Moi sans être le Moi, comme exclue en lui, à la manière d'un corps étranger qui s'imposerait chez certains sujets ». Dans notre étude, le cryptophore Capote écrit pour ainsi dire au cœur de sa crypte et livre, par l'écrit (des signes cryptés), ses propres attentes et angoisses. Il s'agit pour nous non seulement d'entrer dans une crypte d'auteur, mais aussi de tenter de décrypter le parcours complexe et onirique des personnages, toujours en décalage ou en distorsion par rapport au réel. Nous avons bien à faire à un auteur-narrateur hanté par un lieu et par des images, transformant ses personnages en fantômes porteurs d'un imaginaire souvent angoissant, triste et empreint d'une profonde déréliction. Le narrateur, à travers le motif de la *déliaison* ou de la désocialisation, annonce l'entrée de ses personnages dans cette sombre maladie appelée « mélancolie »[3]. Ils sont tous en rupture avec leur entourage et connaissent une situation de conflit. Ils vivent loin de leur famille proche et supportent mal certaines retrouvailles. Capote les place dans un contexte de départ ou de séparation physique ou purement affective. Les hommes et les femmes des cinq nouvelles sont des solitaires par choix qui ont rompu des liens familiaux.

Les premières pages les montrent toujours dans un isolement total alors qu'ils se trouvent dans des lieux publics ou au milieu d'une foule. Ces personnages bilieux se détachent de la masse et n'entrent pas véritablement en contact avec des tiers. La foule les frôle, les gens leur adressent la parole

---

[3] Au Ier siècle avant Jésus-Christ, un recueil de lettres faussement attribuées à Hippocrate dépeint ainsi les mélancoliques : « ils sont parfois taciturnes, solitaires, épris de lieux isolés ; ils se détournent des hommes, ils regardent leur semblable comme un étranger ; mais il n'est pas rare non plus, chez ceux qui se consacrent au savoir, que leur disposition à la sagesse les incite à oublier toute autre préoccupation. » Dès le IIe siècle après Jésus-Christ, Claude Galien, dans son ouvrage *De la bile noire*, associe ce qui pour nous aujourd'hui relève d'un état d'âme à une « substance formée de parties épaisses ». Les Anciens étaient en mesure de décrire les effets pathologiques de la mélancolie par l'examen de cette humeur noire : « On suppose généralement que son existence fut déduite de l'observation de vomissements de couleur sombre. Ceux-ci furent rapportés à la rate, où les Grecs situaient le siège de la bile noire, parce que la rate, tout comme elle, présente une couleur brune qu'ils avaient pu observer au cours de dissections. »

sans qu'ils se sentent réellement touchés par eux, comme si rien d'extérieur à leur monde intime ne pouvait les atteindre.

La deuxième partie de ce troisième volet se propose de montrer que la bile noire peut atteindre d'autres formes artistiques, comme le chant des *bluesmen* ou celui des femmes d'ouvroir, d'Europe et d'ailleurs. Mais alors que le mélancolique schizophrène de Capote s'enferme dans un silence, ne se nourrissant que de sa parole intérieure, les chants, au contraire, forment un exutoire pour les êtres déplacés, pour ceux qui, déportés de leur pays natal ou éloignés de leur famille, sont considérés comme des pestiférés ou des moins que rien. La bile noire peut alors se transformer en or et devenir pur jaillissement de poésie et de révolte.

L'Arbre de nuit : la peur du croquemitaine ou le voile déchiré

Première nouvelle du recueil, *L'Arbre de nuit* commence *in medias res* dans une gare, sur un quai isolé, un soir d'hiver. Truman Capote choisit d'inaugurer ses récits fantastiques par le choix symbolique d'un départ de train dont le lecteur ignorera la véritable destination. Quelques villes du sud des États-Unis seront citées, mais à aucun moment nous ne saurons véritablement le nom du lieu que voudront atteindre les personnages, comme si ce train venait de nulle part et conduisait ses étranges voyageurs vers un endroit improbable. Nous serons embarqués, en compagnie de Kay, dans une sorte de train fantôme, au cœur d'un récit ayant la forme d'un labyrinthe qui aurait perdu son centre. Capote transforme ce quai en signe à la fois diégétique et extradiégétique[4] : cet élément concret signale en effet un départ pour la jeune fille prénommée Kay et, simultanément, l'entrée du lecteur dans les textes qui suivront. Mieux encore, par un jeu d'écriture, Capote fait de Kay, d'un point de vue onomastique, le personnage cryptophore de ses nouvelles. Kay est à elle seule le quai, voire le seuil, l'embarcadère qui annonce un départ vers ce je-ne-sais-quoi nostalgique, thématique obsessionnel de la nouvelle. Aussi la phrase interrogative clé apparaîtra-t-elle dans *L'Arbre de nuit* lorsque Kay observera un petit homme étrange, aux allures de fantoche ; une question annonciatrice des angoisses des personnages en proie au démon de la mélancolie : « Il y avait en lui une qualité indéfinissable qu'elle n'arrivait pas à formuler et qui lui rappelait… Quoi ? ». C'est ce « quoi ? » qui préoccupe les personnages malades tout au long des nouvelles, un « ça » impossible à définir mais qui les ronge, à l'image d'une nappe de bile noire grandissant au fur et à mesure de leur cheminement, jusqu'à la crise paroxystique finale et tragique.

---

[4] Dans la diégèse, i-e dans l'histoire de Kay, ce qui suppose une fonction narrative ; l'adjectif extradiégétique oriente la réflexion du lecteur vers un domaine symbolique qui fait appel aux connaissances issues d'autres sciences humaines.

1. Solitude du personnage et premiers signes de *déliaison*

Kay de *L'Arbre de nuit* se trouve sur le quai d'une gare vide où, écrit Capote, « il n'y avait pas âme qui vive » (p. 17). Lorsque le train arrive, il semble que la jeune fille soit seule à monter « dans le dernier wagon », précise le narrateur. La description s'attarde sur le décor du wagon, les objets et l'atmosphère. Ce n'est qu'en dernier ressort que quelques personnages apparaissent : des voyageurs qui ne « semblaient pas ressentir la moindre incommodité », « un gros homme somnolent » dont le pied la fit trébucher, « deux types indéfinissables » et un enfant attiré par son banjo et rappelé à l'ordre par sa mère. Ce bref défilé de personnages est signalé par le narrateur lors du parcours de Kay, à la recherche d'une place, dans le couloir d'un dernier compartiment. L'écriture met alors en place une métaphorisation du motif de « la fin » ou du « dernier », de ce qui est placé à l'extrémité d'une ligne ou en bout de file. Kay se meut dans un espace qui ne cesse de lui signifier sa mise à l'écart et, symboliquement, son retrait du monde : elle prend un train de nuit sur un quai de gare vide, monte dans le dernier wagon d'un train et ne trouve qu'une petite place dans « un compartiment isolé », « tout au bout du wagon ». Du reste, cette atmosphère crépusculaire est accentuée par les circonstances de son voyage : les funérailles d'un de ses oncles. L'écriture sème alors des indices macabres qui manifestent une impression de pourrissement et de saleté, un air de putréfaction généralisé[5] qui, curieusement, n'étonne personne. Les personnages que Kay rencontre dans ce compartiment se caractériseront par leur irréalité et leur monstruosité, comme s'ils étaient sortis de son imaginaire. L'on en viendra à se demander s'ils se trouvent physiquement dans le wagon ou si l'esprit angoissé de Kay ne les a pas fait surgir. L'un des signes propres à ces personnages capotiens de la mélancolie est précisément cette propension à créer des interlocuteurs à partir d'un réel que tout le monde peut percevoir. Mais rien dans le dispositif de la vraisemblance ou de la mimesis romanesque ne vient confirmer l'existence de ces étranges personnages que le protagoniste est seul à voir, car toutes les scènes vues et décrites procèdent de la focalisation interne. Peut-on croire à ce que voient ces personnages nimbés d'une atmosphère plus qu'étrange et comme surgis d'une nuit d'hiver, incapables, comme Kay, de dire

---

[5] « une fumée fuligineuse et sinistre », « le remugle des sandwiches », « des trognons de pomme et les écorces d'orange », « cette litière de détritus », « un suaire de vapeur blanche frôla la fenêtre avec un sifflement ».

spontanément d'où ils viennent comme le montre l'échange suivant entre la jeune fille et la dame du wagon ?

> « D'où viens-tu, ma petite ? reprit la femme au bout d'un moment.
> Un instant déroutée, Kay n'arriva pas à trouver de réponse. Les noms de plusieurs villes lui vinrent tout d'un coup à l'esprit. Finalement, de ce chaos elle réussit à extraire :
> — La Nouvelle-Orléans. J'habite la Nouvelle-Orléans. » (p. 23.)

On peut s'étonner de cette réaction chez ce personnage qui hésite à indiquer son lieu d'origine, comme si la question de la femme avait nécessité un effort considérable pour la réponse « Nouvelle-Orléans » ; comme si la jeune fille était incapable de s'en souvenir ou que, de ce défaut de réminiscence, elle avait fini par choisir la ville natale de Capote. Du reste, nous ignorons et ignorerons jusqu'à la fin de cette courte nouvelle d'où (de quelle ville) exactement part cette jeune fille pour rejoindre le lieu par excellence du blues et du jazz (ne porte-t-elle pas un banjo, instrument de l'oncle mort, seul héritage familial ?). L'entrée de ce personnage est en fait un départ pour un voyage dont l'origine reste inconnue et la destination improbable. À part cet oncle mort dont le legs se réduit à une guitare verte, Kay n'évoquera ni ses parents, ni une figure fraternelle ; simplement des « tantes » ou des « cuisinières » dont les histoires et les chansons d'enfance lui rappelaient la figure du croquemitaine : « Il était partout, Croquemitaine[6], et partout il y avait du danger. La nuit, au lit, ne tape-t-il pas à la fenêtre ? Écoute ». (p. 30.)

Que cache cette peur du croquemitaine ? Quelle vision Kay redoute-t-elle ? Capote nous livre quelques clés pour déchiffrer ce mal qui ne veut pas dire son nom ou qui se désigne autrement.

---

[6] Croque-mitaine (le traducteur le transcrit en un seul mot dans *L'Arbre de nuit*) est d'origine obscure : « il pourrait s'agir d'une composition comparable à celle de *grippeminaud* où mitaine désignerait le chat, compagnon du diable, à qui l'on enjoindrait de manger les enfants. Ph. A. Becker rapproche le second terme de mitaine, « gifle, injure », attesté en moyen français. Le syntagme impératif croque-mitaine « reçois cette injure » aurait été lexicalisé et utilisé pour son expressivité. Une autre hypothèse propose de voir en mitaine l'adaptation du néerlandais *meitjen*, correspondant à l'allemand *Mädchen*, « jeune fille ». Mais ces étymologies ingénieuses se heurtent à l'attestation assez récente du composé. » Rey Alain, Dictionnaire *historique de la langue française*. Dictionnaires Le Robert, Paris, 1992.

2. « Kay » ou « Key » : une première clé onomastique

Déjà, le choix de Kay comme prénom pour l'héroïne attire l'attention du lecteur à plusieurs titres.

Le prénom (unique étiquette du personnage) est pour ainsi dire inscrit par mise en abîme. Le narrateur signale le nom de son personnage en le montrant déjà écrit sur le sac en daim que porte la jeune fille : une manière d'introduire le signifiant de son personnage tout en le motivant. Le lecteur devient alors contemporain du spectateur puisqu'il est à même de lire « Kay », comme tous ceux qui pouvaient se trouver sur le quai ce matin-là. Capote insiste bien sur la visibilité de cette jeune fille isolée dans une gare anonyme d'une ville perdue (un trou perdu, dira la dame du compartiment) et qui porte « ostensiblement une guitare verte ». L'identification et, par là même, la désignation du personnage sont comme exagérément accentuées, ce qui provoque un premier effet de cette « inquiétante étrangeté » propre au fantastique et que nous retrouverons par la suite.

Kay comme signifiant – en tant que graphie – peut aussi se comprendre comme *key*, avec lequel il partage le même nombre de lettres et deux signes communs. De quelle clé s'agit-il ? Ce court récit s'organise autour d'une sorte d'énigme à résoudre, dont Kay serait à la fois le centre et le moteur. Kay vit ce cheminement en train comme une forme d'introspection suscitant d'intenses interrogations, à la fois sur elle-même et sur l'étrange duo-couple qu'elle rencontre. Tel un nouvel Œdipe, Kay cherche sa propre identité et la met en danger en s'interrogeant sur le fondement de ses terreurs et de son angoisse grandissante au cœur de la nuit. La clé de l'énigme sera finalement trouvée au moment où l'homme du couple monstrueux du compartiment se montrera obscène et indécent à son égard. La clé (Kay/*key*) renvoie finalement le lecteur au titre de la nouvelle, *L'Arbre de nuit,* dont les branches rappellent les bras immenses du Croquemitaine qui hantait les rêves de Kay enfant (tel Saturne/Cronos avalant ses enfants, figure de l'ogre, et célèbre peinture de Goya). Nous ne sommes pas très éloignés de la figure de la Barbe bleue, avatar de l'ogre des contes, d'autant que c'est bien une petite clé qui devient l'enjeu du conte de Perrault, instrument de curiosité et de mort pour la jeune épouse de l'homme cruel aux sept femmes. Et il s'agit bien d'un conte cruel que nous offre ici Capote, une histoire effrayante, fondée sur la séquestration et l'assassinat d'une jeune fille tombée aux mains d'un couple crapuleux.

Kay trouve donc par elle-même, mais au péril de sa vie, la clé de sa propre énigme et comprend son malaise face à ce couple à la fois fantasmatique (car issu de l'imaginaire de l'enfant Kay) et pervers, dès lors qu'un meurtre est sur le point de s'accomplir, et dont Kay est la victime à la fin d'une nouvelle qui, paradoxalement, ne nous livre aucune clé. Nous avons donc affaire à un récit qui tourne pour ainsi dire sur lui-même, comme une vis déréglée, une clé condamnée à revenir au point de départ sans provoquer l'ouverture d'une quelconque porte, un peu à l'image de ce compartiment-piège dans lequel Kay restera bloquée jusqu'au danger.

Capote joue de fait sur une esthétique baroque, optant tour à tour pour l'instabilité et l'immobile, le fermé et l'ouvert, le réel d'un voyage en train et l'irréel d'un duo de personnages produit par la peur maladive de la nuit de Kay, qui peine à se débarrasser de son enfance. Kay offre une clé au lecteur qui s'interroge sur la ville d'origine et la destination de la jeune étudiante, deux points aveugles de l'itinéraire du personnage. Le voyage en train semble interminable comme la fin de la nouvelle en points de suspension, elle-même objet d'un mystère, d'une quête pour le lecteur surpris devant le comportement des personnages. Tout devient clé et le double signifiant *key*/Kay, s'ajoutant au français « quai » – Capote, usant volontiers du français dans ses nouvelles, ne pouvait ignorer cette paronymie franco-anglaise –, redouble de significations, celles d'un départ narratif et diégétique : le début d'un discours narratif et le seuil d'un voyage dont on ignorera l'aboutissement.

Le recueil commence par cette nouvelle : le lecteur ouvre pour ainsi dire cet ensemble de récits par une histoire dont l'héroïne porte un prénom-paronyme de *key*/clé. Comme pour un labyrinthe, il s'agit de passer du quai de gare au train, du train pris dans son intégralité à un seul compartiment, d'une succession de wagons au dernier de la chaîne. Kay elle-même passe d'un grand espace libre et ouvert à un microlieu (train, couloir, wagon, banquette), jusqu'à ce que l'imperméable de la femme lui recouvre la tête comme « un linceul ». N'est-ce pas alors le récit d'un passage de la vie à la mort ou, plus symboliquement, de l'enfance au monde adulte où se mêleront Éros et Thanatos ? Dès lors, c'est dans une atmosphère morbide que se déplacent les personnages.

3. Lazare/Orphée : une deuxième clé

Le second patronyme est emprunté aux Écritures, plus précisément au Nouveau Testament, et représente une figure de la résurrection : Lazare[7]. Il

[7] Lazare est un personnage du Nouveau Testament, ami de Jésus et frère de Marthe et de Marie. Le Christ le ressuscite alors qu'il est mort depuis quatre jours. « Jésus se rendit au

s'agit du nom de scène de l'homme, silencieux et énigmatique, partenaire et compagnon de la dame du compartiment. Le couple explique à Kay qu'ils se produisent sur scène en mimant la mort puis le retour des Enfers. Nous n'en connaîtrons pas davantage sur ces deux actants du train, instruments et porteurs du cauchemar de la jeune fille. Mais ils s'associent à l'atmosphère macabre de cet étrange voyage qui rappelle davantage une catabase qu'une remontée vers le jour et la vie. Ajoutons à cela la raison principale du voyage de Kay : l'enterrement d'un oncle. Tous les indices concourent à accentuer l'idée de mort et même d'outre-tombe, comme si nous étions en présence de spectres emportés dans un train lui-même fantôme, lors d'une nuit qui ne doit pas s'achever.

Au demeurant, le détail du legs unique de l'oncle décédé, une guitare verte, n'est pas anodin. Dans ce contexte capotien fantastique, les effets intertextuels sont nombreux, et en particulier les références mythiques. Précédemment, il avait été question de l'ogre Saturne/Cronos, avaleur d'enfants, prenant ici l'aspect du croquemitaine, craint par Kay, impressionnée par les ombres de cette nuit en train. Cette guitare, avatar de la lyre, confiée à Kay par l'oncle, nous renvoie au mythe d'Orphée et d'Eurydice qui connaissent tous deux l'espace des Enfers. Capote procède à une réécriture originale de ce récit ovidien. En effet, Kay devient à la fois la figure masculine et poétique d'Orphée, et celle de la jeune fille fragile attendant un sauvetage. La guitare est la désinence essentielle de la jeune fille ; c'est cet objet qui attire d'emblée l'attention au départ du train.

On peut donc proposer la lecture mythocritique suivante à la lumière de ces indices : Kay/Orphée féminin, munie de sa lyre/guitare (dont la couleur verte rappelle les ornements de l'objet ayant appartenu à Orphée), s'apprête à affronter le royaume des ombres : « le train une secousse ; un suaire de vapeur blanche frôla la fenêtre avec un sifflement ; lentement, les pauvres lumières de la gare solitaire s'estompèrent dans la nuit » (p. 19). Deux pages plus loin, il sera question de « la poix des ténèbres ». Le sème du suaire enveloppant à la fois les personnages et l'espace parcourt le récit, tel la métaphore filée de la mort en marche et la descente aux Enfers à laquelle semble se livrer Kay : « Le ciel était d'un bleu profond inexplorable, peuplé

---

tombeau et leur dit d'enlever la pierre. Marthe lui rappela qu'après quatre jours, il risquait de sentir, mais ils obéirent ; et Jésus commença à prier : “Père, je te rends grâce de m'avoir écouté. Je savais que tu m'écoutes toujours, mais c'est à cause de la foule qui m'entoure que j'ai parlé, afin qu'ils croient que tu m'as envoyé.” Cela dit, il s'écria d'une voix forte : “Lazare, viens dehors !” Le mort sortit, les pieds et les mains liés de bandelettes, et son visage était enveloppé d'un suaire. Jésus leur dit : “déliez-le et laissez-le aller.” » (Jean 11, 41-44.)

d'étoiles qui s'éteignaient çà et là. Elle apercevait des traînées de fumée qui suivaient dans le sillage de la locomotive comme des coulées d'ectoplasme » (p. 28). Le temps prend alors une autre dimension, au point de s'accélérer, s'adaptant aux mouvements et au rythme du train. Les éléments du cosmos se mettent au diapason de ce cheminement vers le monde des morts, à l'image de cette « lune d'hiver glaciale » qui, précise Capote, « tournait au-dessus du train dans le ciel nocturne comme une mince roue blanche ». La guitare pourrait alors apparaître comme un bouclier et une arme contre les dangers, un outil destiné à amadouer les entités et divinités hostiles. Voilà pourquoi l'écriture capotienne mentionnera toujours les sons qu'émet la guitare au moment où Kay affronte un péril, notamment le personnage masculin obscène et qu'étrangement elle réveille en « tambourinant vaguement sur la guitare ». Alors qu'elle semble apaiser le « paysage méridional » qui « défilait à toute allure par la fenêtre », le « son creux et berceur » de sa guitare provoque un comportement équivoque chez l'homme tranquille et endormi jusqu'à cet instant, comme si la lyre de Kay avait produit l'inverse de l'effet escompté. Le mythe d'Orphée dans cette nouvelle capotienne se lit alors à rebours dès lors que l'instrument de musique sacré ne remplit plus son office d'apaisement, faisant surgir les obstacles au lieu de les effacer. De surcroît, l'homme, à l'écoute de cette musique, se montre entreprenant : « [il] allongea la main et caressa doucement la joue de Kay… Il se pencha en avant, jusqu'à ce que ses yeux étranges fussent près des siens… » (p. 21). Plus encore, ce qui confirme la défiguration du mythe orphique, la guitare abdique, la lyre de Kay se tait comme vaincue par le couple monstrueux du train : « la guitare se tut, tandis qu'ils échangeaient un regard scrutateur… » (p. 21). Comme pour redoubler cette victoire du désordre (les bruits du train et la violence des deux personnages : motifs dionysiaques) sur l'harmonie et la paix (la douce Kay, les cordes tendres de la guitare : motifs apolliniens), le son d'un harmonica (second instrument adjuvant de la lyre de Kay) se perdra lui aussi au moment le plus critique pour la jeune fille. Dès l'instant où l'homme lui tend l'amulette en voulant la contraindre à l'acheter, le son d'un harmonica cesse de se faire entendre, signalant ainsi l'intrusion d'un élément dissonant. C'est la réapparition de cette amulette qui étrangement fermera la nouvelle, lorsque par sa peur de l'homme, Kay se résignera à acheter le petit objet luisant et ovoïde. Le dernier paragraphe se lit comme une lente mise à mort par étouffement ou, métaphoriquement, comme l'émergence d'un nouveau rêve au milieu d'un profond assoupissement : « sous les yeux de Kay, le visage de ce dernier parut changer d'aspect et s'effacer devant elle, comme un rocher en forme de lune glissant et s'engloutissant sous une nappe d'eau. Elle se laissa aller à une chaude somnolence et eut vaguement conscience que la femme s'emparait de son sac et qu'elle rabattait doucement l'imperméable sur sa tête comme un linceul ». Le mot « linceul » clôt ce récit sur l'image d'un ensevelissement de Kay.

Ce voyage en train pourrait de fait se décrypter comme l'allégorie de la mort d'un personnage, le cheminement d'une Eurydice privée d'Orphée ou d'un Orphée féminin dont la lyre ne serait plus opérante. C'est d'ailleurs en ce sens que l'on peut aussi interpréter l'offre de l'amulette, motif obscène d'une partie de l'organe masculin ou image du sexe féminin fermé. Kay semble visiblement tourmentée à la fois par Éros et Thanatos, et elle ne cessera de lire les événements à travers ces deux motifs.

Quelle est la fonction symbolique de ce duo surréaliste rencontré par Kay lors de ce voyage de nuit ? Qu'y a-t-il à lire à travers l'étonnant comportement de cette double figure parentale ? Quelle valeur le personnage de l'oncle mort, ombre tutélaire absente, prend-il, lui qui offre à Kay, à titre posthume, cette guitare-lyre au pouvoir ambivalent ?

4. Kay face au duo étrange issu des contes

Cette nouvelle ne présente qu'un personnage clairement identifié : Kay, l'héroïne de l'histoire qui orchestre toutes les scènes du quai de gare à l'intérieur du compartiment. Aussi s'oppose-t-elle aux autres personnages, simples actants du récit, aux fonctions précises et limitées : les voyageurs pris collectivement, le contrôleur, puis le couple du dernier wagon. Ce dernier, privé de patronyme, quoique secondaire, demeure essentiel dans la trame puisqu'il provoquera l'exacerbation de Kay et sa terreur, réactivant ses peurs d'enfant jusqu'à cette sorte d'évanouissement final. Que sait-on de ce couple aux allures difformes et quasi monstrueuses ?

Les portraits sont évoqués de manière directe, soit par un commentaire narratif, soit du point de vue de Kay. Ce sont principalement les dialogues qui introduisent les éléments des portraits. Capote ajoute des impressions aux répliques des personnages, ce qui confère une épaisseur aux personnages. La première apparition est anodine : « un homme et une femme qui étaient assis, les pieds paresseusement allongés sur le siège libre en face d'eux […] la femme releva la tête brusquement, comme si on l'avait piquée avec une aiguille. Toutefois, elle sourit tant bien que mal », une attitude classique de voyageurs désireux de garder le compartiment pour eux et visiblement dérangés par l'arrivée de Kay. La première remarque populaire de l'inconnue sonne alors comme une incongruité : « j'vois pas ce qui pourrait t'arrêter, mon chou… » Suit un commentaire narratif destiné à susciter l'intérêt du lecteur, car l'image du couple s'oriente vers l'étrange et nous quittons progressivement la sphère du réel : « en retirant ses pieds du siège et en déplaçant aussi, avec une sorte de détachement curieux, ceux de l'homme, qui regardait fixement par la fenêtre, sans prêter la moindre attention… » Cette immobilité de l'homme sera ensuite justifiée par la femme elle-même : « C'est un infirme : sourd-muet, tu piges ? » Toutefois, cette infirmité sera utilisée par l'écriture comme un indice d'étrangeté, voire de monstruosité, associée précisément à la difformité de la femme, partenaire de l'homme dans des spectacles fantasques où il est question de simuler la mort et la renaissance. Le narrateur use alors de la focalisation interne pour établir un portrait non seulement négatif de la femme, mais aussi générateur d'un malaise chez Kay : « elle était courtaude ; ses pieds effleuraient à peine le plancher. Et comme bien des personnes de petite taille, elle avait une malformation, en l'occurrence un chef énorme, presque monstrueux. Elle s'était collé tant de fard sur ses bajoues empâtées qu'il était même difficile de deviner son âge… Ses gros yeux de mouton louchaient… » Truman Capote se fonde alors sur des éléments appartenant aux sphères du cirque et de l'anomalie physique pour installer une atmosphère fantastique et angoissante. L'infirmité devient monstrueuse et suscitera la méfiance de Kay. Le lecteur peu à peu se trouvera, comme Kay, face à deux actants comme issus du monde surnaturel. D'ailleurs, le couple marqué par la malformation subira aussi une forte animalisation. On peut lire dans leurs différents portraits des termes qui le connotent nettement : « yeux de mouton », « bajoues », « cheveux coiffés à la chien ». À cela s'ajoutera le caractère artificiel de leur accoutrement, comme s'ils étaient faits de matière généralement réservée aux jouets ou aux poupées de chiffon.

La femme : « cheveux teints en roux, tortillés en boucles épaisses, raides comme des tire-bouchons, un chapeau couleur lavande, de taille impressionnante… Un bouquet de cerises en celluloïd cousu au bord de son chapeau, lequel bouquet retombait sans cesse… »

L'homme : « Ses yeux, telle une paire de billes d'un bleu lacté, vaguement obnubilés, étaient ombragés de cils épais, d'une beauté étrange. »

L'allure d'épouvantail de la dame et celle de pantin ou de marionnette inanimée et impavide tranchent sur l'impression de vie et de réalité propre au personnage de Kay. De fait, l'esthétique de Capote joue sur la confusion, l'entrelacement des registres. Le duo que rencontre Kay touche autant au domaine du conte merveilleux qu'à celui du fantastique. En effet, comme dans les contes dits merveilleux, les désinences des personnages sont contrastées et basées sur de nettes oppositions :

- l'homme est maigrichon et possède un très beau regard/la femme est énorme et louche ;
- l'homme est sourd-muet/la femme est bavarde ;
- l'homme se manifestera par une violence sourde et inquiétante, se contentant de caresser la joue de Kay avant de mordre dans le noyau de pêche (comme substitut du corps de la jeune fille) /la femme, après des mots mi-menaçants mi-doucereux, se montrera plus agressive, empoignant Kay pour l'obliger à s'asseoir.

La perception tout enfantine de Kay nous plonge dans cet univers de conte et de fête foraine où, justement, se produisent ces types de personnages (clowns, nains ou infirmes à caractère exceptionnel), qui peuvent sinon effrayer, du moins impressionner certains enfants à la fois friands de ces spectacles et apeurés face à certaines difformités. En optant pour la seule perception de Kay, signalée par sa jeunesse, Truman Capote pourrait bien avoir projeté alors sur ces étranges compagnons de voyage ses propres souvenirs d'enfant, un mélange composite d'images de poupées, de pantins et de personnages de cirque, voire issus de son imaginaire à l'écoute d'histoires à faire peur.

La gestuelle de l'homme, jouant avec le noyau de pêche, l'amulette qu'il propose à Kay, rappelle une forme de tour de prestidigitation avant de basculer vers une démonstration de violence sourde, plus inquiétante :

- Début du tour pour attirer l'attention de Kay : « l'homme sortit de sa poche ce qui semblait être un noyau de pêche recouvert d'une belle laque et le tint en équilibre, dans le creux de sa main ».
- Détournement du spectacle anodin de magie vers une connotation violente : « Il regarda Kay et, certain d'avoir capté son attention, ouvrit tout grands les yeux et se mit à presser et à caresser le noyau de façon vaguement obscène. » La scène innocente se charge d'une perversité que devine Kay grâce à son hypersensibilité. Le motif de la dévoration qui suit place la jeune fille dans une situation de victime de l'ogre avaleur d'enfants, à l'instar du Croquemitaine qu'elle identifiera plus clairement comme fondateur de sa peur. C'est

l'image du sourd-muet (dont le flair, comme la plupart des ogres[8], se trouve par compensation développé) mordant le noyau de pêche, « tête baissée dans une attitude suppliante », qui fera surgir « le souvenir des terreurs enfantines ». Cette position faussement inoffensive est caractéristique du comportement des ogres, loups et méchants géants des contes désireux d'amadouer les enfants, avant de se montrer sous leur vrai jour et de se repaître de leur chair.

5. Une clé freudienne

Cette nouvelle se prête de surcroît à une lecture psychanalytique de type freudien. Nous sommes en effet dans une situation de retour angoissant d'un refoulé d'ordre sexuel ou d'un fantasme de viol subi ou redouté apparu dans l'enfance. L'écriture de Capote met en place un réseau d'images exprimant une sexualité problématique, un accès difficile à l'identité féminine.

Kay cherche d'abord à cacher son caractère de femme adulte et pour ce faire, se réfugie dans une attitude enfantine timorée, faite de retrait du monde, de méfiance, de silence et de fuite :

- elle s'entoure d'objets non adultes (une guitare verte, un illustré, un sac en daim qui porte son prénom) ;
- elle se livre à la lecture d'illustrés pour éviter d'entamer la conversation avec des inconnus (attitude assez fréquente de l'enfant plongé dans sa lecture) ;
- elle n'ose pas refuser le gobelet rempli de gin que lui impose la dame et le vide dans le trou de la guitare lorsque celle-ci a l'attention détournée ;
- la vision du sourd-muet et surtout les différents gestes qu'il effectue l'impressionnent à tel point que son esprit confond les visages et les époques : « Et tout en jetant un regard distrait sur l'homme, elle revit en imagination le visage de son oncle, livide sur l'oreiller de soie blanche dans son cercueil. » Elle observe les volutes de fumée et y décèle d'autres formes, à l'instar d'un enfant découvrant pour la

[8] « Le flair de l'Ogre, sa vue insuffisante, son manque d'intelligence, l'importance de ses dents, son appétit bestial, le fait qu'il dévore crues ses proies, l'apparentent à la nature sauvage animale. », *Le Dictionnaire des mythes littéraires*, Éditions du Rocher, article d'Arlette Bouloumié, p. 1100.

première fois le réel et l'interprétant à sa manière : « la cigarette de l'homme palpitait comme la lueur chaude d'une luciole et ses anneaux de fumée continuaient à s'élever tranquillement… » Kay est obnubilée par l'homme et l'écriture joue sur la récurrence du motif de l'œil, mais un œil dont la vision serait annihilée. Kay, redevenue enfant, voit des yeux exorbités et menaçants : « il se rencogna et parut tout entier absorbé à faire des ronds de fumée vigoureux qui montaient en l'air comme des orbites vides et se dissipaient… ». La peur de Kay s'accentue paradoxalement à cause d'un excès de vision (lors des multiples effets de grossissement) et d'une impossibilité à voir, à distinguer nettement les formes. Elle devine alors les éléments environnants et est réduite à une interprétation des images que lui renvoie le réel dès l'irruption d'une lumière. L'on assiste à une distorsion de la vision par l'exagération (les gros plans sur les yeux de l'homme ou la tête énorme de la femme) ou par l'amoindrissement. Phénomène lié à l'enfance, la fantasmatisation du réel passe par la perception visuelle (mode premier d'appréhension du monde) et auditive. Kay perd en quelque sorte sa voix (ses paroles devenant inaudibles) et se voit atteinte d'une forme d'aphasie (*infans* désignant celui qui ne parle pas) alors que l'espace se remplit de toutes sortes de bruits. Capote organise cette traversée nocturne en train au milieu d'un véritable fracas, un tintamarre, une cacophonie de voix et de tintements. On peut ainsi repérer de nombreuses notations associées aux bruits assourdissants (nous soulignons) : « *un fracas de tonnerre* » (p. 17) ; « un suaire de vapeur blanche frôla la fenêtre avec un *sifflement* » (p. 19) ; « en *tambourinant* vaguement sur la guitare : *les cordes rendaient un son creux et berceur...* » (p. 21) ; « *brailla* la femme » (p. 22) ; « *un coup de vent* glacial qui alla remuer les détritus du couloir avec *fracas*… Quelqu'un *jouait de l'harmonica*… Un enfant *poussait des cris* à travers son sommeil » (p. 23) ; « Une cloche *tintait follement* » (p. 24) ; « La personne qui jouait de l'harmonica s'arrêta. *D'autres bruits*, moins captivants, attirèrent aussitôt l'attention : *ronflements, roulis de la bouteille de gin, discussions de voix* à moitié gagnées par le sommeil, *ronronnement* lointain des roues du train… » (p. 27) ; « *le roulement du train, avec son bruit de ferraille, assourdit* les pas de l'homme » (p. 29) ; « *Le froissement furtif* des journaux jetés au rebut » (p. 30). Comme pour les différents modes de vision, l'audition de Kay s'effectue dans une alternance de netteté et de confusion, de distinction de bruits et d'affaiblissement de l'ouïe. Ce mouvement de balancier exprime l'instabilité affective de Kay et le passage de stases d'accalmie à des acmés de frayeur.

Elle pleure et s'affaiblit au point de chuter dans le couloir. L'émotion est à son comble lorsqu'elle sanglote : « elle frappa la cloison du poing et se mit à pleurnicher comme un enfant colérique » (p. 29). La peur du noir l'amène à produire une réplique proprement enfantine : « comme je le déteste ! Quel affreux bonhomme et comme je le déteste » (p. 29). Capote fait finalement de Kay le personnage représentatif de toutes les terreurs enfantines, opposé au monde adulte et à l'inconnu. Car rien ne peut confirmer l'idée d'une véritable agression du couple sur la personne de Kay. Certes, celle-ci se trouve comme piégée une nuit, dans le dernier wagon d'un train, aux prises avec un couple d'artistes ratés et crapuleux. Mais toutes les scènes, en raison de l'approximation visuelle et auditive et de l'alternance de lucidité et d'affaiblissement de la conscience, sont frappées d'incertitude et d'indétermination. Il peut s'agir d'un cauchemar : Kay se serait endormie et rêverait à partir de ce qu'elle a vu et de ce qu'elle entend dans son sommeil. Le récit s'articulerait alors autour d'un rêve d'enfant.

L'onirisme est présent dans cette nouvelle pour plusieurs raisons : Kay s'endort ou s'assoupit souvent (précise le narrateur) et l'écriture s'adonne à ce qu'on peut appeler des bifurcations de sens, des carrefours de significations, comme si Capote décidait de quitter la diégèse initiale pour des sphères plus fantaisistes caractéristiques du rêve. Nous retiendrons cet exemple : Kay ne peut détacher son regard de l'homme, puis bâille, appuie son front contre la glace en tambourinant sur sa guitare (p. 21). C'est après cette précision des sons qu'émettent les cordes de l'instrument que l'ambiguïté sémantique s'installe. En effet, le narrateur parle de sons creux et berceurs, de monotonie. On peut en déduire que Kay commence à plonger dans le sommeil tout en fixant une lune qui semble tournoyer comme « une mince roue blanche ». Nous connaissons tous ce phénomène lors de longs voyages en train notamment, ou en bus : nous fixons un paysage défilant à vive allure et subissons une sorte d'hypnotisme jusqu'au sommeil. Les bruits ambiants continuent à nous parvenir, mais notre conscience s'est estompée et nous sombrons dans une première phase de sommeil. C'est ce qui peut se produire chez Kay endormie. Le personnage de l'homme qu'elle a observé longtemps suscite des images oniriques et, progressivement, Kay bâtit un scénario : « Et soudain, il se passa quelque chose d'étrange et de totalement inattendu : l'homme allongea la main et caressa doucement la joue de Kay. Malgré son extraordinaire délicatesse, le geste était si téméraire que Kay fut d'abord trop bouleversée pour savoir ce qu'elle devait en penser… » (p. 21.) L'irruption brutale de l'événement est propre à l'apparition de rêves aucunement annoncés ou motivés. Nous sommes dans le processus du « coq à l'âne », au niveau d'une incohérence pourtant admise par le rêveur, proche d'un délire et d'une scission de type schizophrénique. Le rêveur se voit dormant et a conscience qu'il rêve et qu'il divague ; mais il admet ce rêve comme une réalité, celle du dormeur. Dès lors, il est double, logique et illogique, fou et raisonnable. Capote en est conscient et, tout en feignant de narrer l'histoire de Kay prenant un train de nuit face à d'étranges personnages, il prévient malicieusement le lecteur qu'un détournement de sens est possible : « dans un sursaut d'imagination, elle entrevit trois ou quatre perspectives fantastiques… » (p. 21.) Les points de suspension marquent un décrochement spatio-temporel et diégétique du récit. C'est à ce moment précis – le début de l'endormissement de Kay – que Capote opte pour l'onirisme comme moteur de son récit fantastique. Du point de vue de la littérarité du passage, certes Capote parle des « perspectives fantastiques » de Kay, mais le lecteur comprend ici que le narrateur désigne en quelque sorte son art propre : l'écriture des possibles narratifs. Aussi, la suite des aventures de Kay et du couple pervers et meurtrier ne serait-elle qu'une des bifurcations du récit dont Capote a le secret : un cauchemar, expression d'un malaise profond de la jeune fille encore imprégnée de l'enfance et de ses terreurs.

Une autre interprétation à la fois fantastique et psychanalytique pourrait retenir notre attention si nous nous attachons à certaines métaphores oniriques portées par un personnage relevant du mythe personnel de l'auteur. Kay serait le personnage valise ou le cryptophore (« la porteuse », la détentrice d'un secret). Nous nous attacherons d'abord à l'analyse des images plongeant le personnage féminin principal dans l'irréel et l'absurde propres au rêve. Ces analyses, selon la perspective freudienne, permettent de mettre au jour le travail du rêve, « voie royale pour approcher l'inconscient ». Comme l'indique le père de la psychanalyse, « le rêve est l'accomplissement d'un désir », mais plus précisément, écrit Bellemin-Noël, « c'est le désir qui s'accomplit lui-même en images ». Voilà pourquoi les récits de rêve ou les rêves mis en récit proposent une matière complexe et riche, dont l'investigation et l'étude rhétorique et lexicale pourraient faire émerger des fantasmes, reflets de conflits vécus par le personnage, lui-même n'étant qu'un instrument aux mains d'un narrateur-auteur. L'atmosphère morbide et délétère d'un *Arbre de nuit* signale chez Kay la présence d'une souffrance qu'elle ne pourra nommer qu'à la fin de son histoire, au moment où elle découvre le fondement de ses terreurs : « en fixant cette figure inoffensive et dénuée d'expression, sur laquelle la lampe mettait de brillants reflets rouges, Kay savait ce qui lui faisait peur : c'était un souvenir, le souvenir des terreurs enfantines qui, jadis, il y avait bien longtemps, planaient au-dessus de sa tête comme les branches d'un arbre de nuit. » (p. 29.[9]) Mais, au-delà du croquemitaine, il y a sans doute d'autres résurgences de combats intérieurs à lire que Kay vit, mais par l'oblique, en biaisant si l'on peut dire. L'image de l'ogre ne serait alors qu'un écran-censure destiné à gommer l'expression innommable d'un désir enfoui parce que honteux. C'est encore à l'Œdipe freudien que nous devrons nous référer puisque Kay, par sa jeunesse et surtout son désir sourd de demeurer dans l'enfance, refuse en quelque sorte de « grandir » et d'accéder pleinement au monde adulte, voire à sa féminité.

Partons de l'hypothèse d'ordre psychanalytique selon laquelle l'homme et la femme du dernier compartiment, compagnons de voyage de Kay, étranges, farfelus et si mal assortis, seraient l'image parentale primordiale, le couple archaïque qui précède la naissance de l'enfant et que ce même enfant se plaît à imaginer. Selon Freud, il s'agit du « fantasme de la scène originaire ou primitive », le moment de la conception de l'enfant auquel ce dernier désire assister, spectateur et acteur à la fois, dans un étrange statut d'ubiquité. Mais comme le précise Bellemin-Noël, ce fantasme d'une avant-naissance exprime un désir de « retour dans le sein maternel… désignant le paradis, le jardin d'Éden prénatal ». Toutefois, ce désir comporte un envers

---

[9] Extrait du *Vent Paraclet* de Michel Tournier (pp. 117-119, au sujet du personnage du *Roi des Aulnes*, Abel Tiffauges, « Folio ») : « Il est vrai que le type auquel il appartient pourrait être décrit par la caractérologie sous le symbole de l'Ogre. Il est grand et gros. Tout indique chez lui la prédominance de la fonction digestive. Ses mains énormes servent de relais entre le monde extérieur et sa bouche, mains prédatrices, assassines, mais aussi serviables, porteuses, caressantes. En elles se rassemblent déjà tous les attributs ambigus de la phorie. Comme beaucoup de géants mythologiques, il voit mal. On songe à Orion, le chasseur géant et aveugle. Au cyclope de l'Odyssée qui n'avait qu'un œil, lequel fut crevé par Ulysse. Au guerrier gigantesque des Flandres, Colin le Maillard, qui se battait avec un maillet ; privé de la vue par une blessure, il fallut qu'un valet d'armes guidât désormais ses coups (d'où le jeu de Colin-Maillard). L'ogre est un olfactif – il « sent la chair fraîche », comme l'écrit Charles Perrault – et la biologie nous apprend en effet que la vue et l'odorat sont souvent en raison inverse chez les animaux […]. L'ogre est mage et prédateur. La magie de l'ogre de Perrault réside dans ses bottes de sept lieues […]. Cet ogre-mage trouve un avatar nordique dans Le Roi des Aulnes, personnage fantastique de la ballade de Goethe, qui cherche à séduire l'enfant, et finalement l'arrache de force à son père pour le tuer. Ce poème de Goethe, dont un lied de Schubert devait redoubler la célébrité, a toujours été pour l'écolier français abordant la langue et la littérature allemandes Le Poème allemand par excellence, le symbole même de l'Allemagne. […] L'aulne est l'arbre noir et maléfique des eaux mortes, tout de même que le saule est l'arbre vert et bénéfique des eaux vives. »

négatif, celui d'une angoisse d'être enfermé(e) à l'intérieur de la mère. C'est donc cette ambiguïté qui pourrait concerner Kay, désireuse de « sortir » de ce compartiment utérin et pourtant incapable d'émettre le moindre son cohérent quand une possibilité lui est offerte au passage du contrôleur : « elle décida de demander au contrôleur de lui trouver une autre place. Mais lorsqu'il vint prendre son ticket, sa requête se perdit en sons incohérents » (p. 25). Certes, Kay se trouve comme prisonnière de ce dernier wagon, mais elle ne manifeste réellement aucun effort pour s'échapper de ce piège dans lequel elle semble s'être placée délibérément, comme actrice de sa propre victimisation. « Pour toutes les formations fantasmatiques, le paradoxe de leur statut est qu'il s'agit de scènes traumatisantes, et "revécues" comme telles mais dont la répétition psychique dans l'inconscient est source de satisfaction du simple fait qu'elles sont répétées, cette fois sans risque du côté de la réalité », précise Bellemin-Noël. Dès lors, Kay revit sur ce double mode (jouissif et dysphorique) un trauma d'enfance, un fantasme de la prime enfance par le biais d'un rêve fait en train, à partir de l'observation d'un couple, image des parents, objets de fascination et de répulsion, figures de l'Éden prénatal et de la peur carcérale. Le wagon, à l'instar d'une bulle, protège et angoisse Kay, et cette double postulation se voit encore dans l'attitude sibylline du couple : l'homme est inquiétant mais fascine Kay par son regard de poupée, et la femme, avenante et familière, manque de tordre le bras de la jeune fille pour l'obliger à rester dans cet espace fermé et confiné. Nous nous trouvons face à un duo fait d'amour et de haine, dont Kay se sert pour créer ce que Freud nomme le « roman familial » : « il consiste dans l'idée, assez fréquente chez les enfants, qu'ils sont nés de parents différents de ceux de la réalité ; un premier scénario (antérieur à la prise de conscience de la différence des sexes) leur substitue des personnages merveilleux, en général princiers ; le second scénario ennoblit le père sans changer la mère : du coup, elle aura trahi la fidélité due à son mari, mis au monde un bâtard et mérité les pires insultes. L'autre formation que l'on rencontre fréquemment est désignée par le titre que Freud a donné à son récit, "un enfant est battu" : ici, le sujet se plaît à imaginer soit que c'est lui-même qui est fouetté sous l'apparence d'un(e) autre, soit qu'il est vengé par la punition que l'autre reçoit et qu'il aimerait bien lui infliger lui-même ; la consonance sadomasochiste est à peu près explicite. » Ces phrases de commentaires de Bellemin-Noël permettent de saisir la nature possible des différents conflits d'ordre œdipien dont Kay souffre. Ainsi peut-on voir premièrement, dans la difficulté que la jeune fille éprouve à « dire » son lieu d'origine, soit le nom du père ou de la mère, la négation de la famille et du modèle parental. La présence de la guitare ayant appartenu à un oncle récemment décédé peut justement figurer la mort symbolique d'un passé familial, d'un père, d'une mère : faute de pouvoir exprimer clairement la mort du père (peut-être haï pour des raisons encore obscures pour Kay), il s'agit pour le personnage, sous la plume de Capote, d'obliquer, pour ainsi dire, vers la mort de l'oncle et par là même de la mère (l'oncle pouvant être le frère de la mère). La disparition du propriétaire de la guitare devient une sorte de synonyme psychique et inconscient du rejet des parents, et de métonymie parentale (la partie pour le tout, pour le couple père-mère). Ce qui pourrait justifier l'absence de véritable destination de Kay et le bégaiement lorsqu'il s'agit de dire d'où elle vient, en d'autres termes où elle est née et de qui.

Dans un deuxième temps, la mère est présentée comme une figure haïe ; et, en contrepoint, le père émerge de manière éclatante : Kay regarde l'homme silencieux (le père qui ne dit mot, supportant une épouse bavarde ou acariâtre, voire hystérique) et ne peut s'empêcher d'admirer la beauté de ses yeux. Et au cœur du délire onirique de Kay, l'homme-père au fascinant regard esquisse un geste tendre sur la joue de la jeune fille. Le geste de la femme sera, par contraste, violent et rapide quand elle essaiera de se lever pour fuir le couple. Kay se projette alors dans un scénario où elle est violentée par la mère, sous le regard d'un père doux et impuissant. Toutefois, l'image du père se teintera d'une inquiétante étrangeté lorsque, sous l'apparente innocence, surgira le motif de la dévoration à travers une gestuelle équivoque :

- « ouvrit tout grands les yeux » : comme un ogre qui s'apprête à manger, une représentation que l'on retrouve dans la plupart des illustrations des contes pour enfants, celles de Gustave Doré notamment – l'œil étant chez Kay l'élément itératif phorique de l'angoisse, lié à la peur d'être engloutie ou prise, peut-être aussi d'un point de vue sexuel (peur d'une agression, d'un viol). Selon Freud, l'œil, pour l'enfant, fonctionne comme une bouche, constituant un orifice de prise directe sur le monde, d'accès au réel comme matière à la satisfaction des pulsions. L'enfant absorbe par l'œil autant que par la bouche. Ce qui peut expliquer que les yeux agrandis s'associent à l'image de celui qui dévore tout par excellence : l'ogre ou le croquemitaine, obsession de Kay ;

- « et se mit à presser et à caresser le noyau de façon vaguement obscène… L'homme frotta le noyau sur son pantalon pour le faire briller. Il avait la tête baissée dans une attitude suppliante et lugubre et bientôt il plaça le noyau entre ses dents et le mordit » : l'homme ne se montrera pas plus agressif, mais cette gestuelle suggestive remplit Kay d'effroi car elle y devine, sans se l'avouer, les enjeux que cette scène comporte. Au-delà de la caresse et de la morsure du noyau, le lecteur averti, contrairement à Kay qui subit ce spectacle comme une tentative d'intimidation ou d'effraction de sa sensibilité, comprend que l'homme établit une analogie entre le visage (le corps de Kay) lisse et jeune, que l'homme caressait à l'instant, et le noyau de pêche recouvert d'une belle laque. Le principe de substitution est non seulement décelable mais constitue en outre le processus de condensation propre au travail du rêve : « il combine une exigence d'économie et la recherche de représentations-carrefours ou de représentations composites. Certains éléments du rêve sont dotés d'un relief particulier parce qu'ils se trouvent au point de rencontre de plusieurs séries associatives »[10]. Cet homme sourd-muet, petit et présent seulement par les yeux et les mains, devient un personnage-carrefour ou « valise », incarnant le père absent, dominé par la mère-épouse, mais le père à la fois désiré (lors du stade œdipien) et détesté à cause du désir interdit qu'il suscite précisément. Dans le cas de Kay, le rêve se manifeste par des passages angoissants de tentative de fuite avortée, suivie de crises de larmes jusqu'à l'évanouissement. On peut déduire de ces réactions, certes oniriques, mais fortes d'un point de vue psychique, que Kay, enfant, a subi un traumatisme de ses parents, de son père notamment, figure du dévorateur (père incestueux ou violeur ? On est en droit de se poser la question vu le comportement quasi psychotique de Kay, en proie à la panique). La mère ne fait rien pour empêcher ce « mal » qui n'est pas clairement identifié ; on le voit à la demande que Kay adresse à la femme et à son refus d'intervenir :

« — Les amulettes me portent toujours malheur. Et d'ailleurs… Je vous en prie, dites-lui d'arrêter.

— N'aie donc pas si peur, dit la femme d'une voix plus catégorique que jamais. Il ne va pas te manger !

— Faites-le cesser, nom de Dieu !

— Qu'est-ce que je peux faire ? dit la femme avec un haussement d'épaules… » (p. 28)

[10] Bellemin-Noël, *Notions de psychanalyse*, p. 44.

« Il ne va pas te manger » résonne dans ce contexte comme une expression clé pour Kay (*key*). Car c'est bien de cela qu'elle a peur, et deux pages plus loin, elle sera en mesure de mettre un nom et une figure sur cette peur : « reste près de la maison, mon enfant, sinon Croquemitaine t'emportera et te mangera vivante ! Il était partout, Croquemitaine, et partout il y avait du danger. La nuit, au lit, ne tape-t-il pas à la fenêtre ? Écoute. » (p. 30.) Curieusement, l'homme du train, aussi inquiétant que cela puisse paraître, ne commet aucune véritable agression. Dans le rêve de Kay ou le scénario qu'elle imagine et dont elle est victime, la femme devient celle qui tue en recouvrant sa tête, comme pour l'étouffer et s'emparer de ses objets. La femme redouble alors la figure de l'ogre, épouse du Croquemitaine, et se montre plus perverse et cruelle que l'homme obscène, et quelque peu exhibitionniste si l'on considère que sa gestuelle comporte une connotation indécente et scandaleuse. Il reste que l'homme est un avatar d'« Orcus » (selon l'étymologie, ogre est une altération du *orc* latin[11]), le dieu de la mort ou une figuration de l'Enfer lui-même. Le sourd-muet de *L'Arbre de nuit* se caractérise justement par son commerce avec les Enfers et la mort, à cause de son spectacle au cours duquel il demeure une heure enterré avant de reparaître sur scène, devant le public médusé par cette performance. Le récit de cette étrange activité impressionnera Kay et l'amènera à l'associer à Thanatos.

Nous sommes bien face à une lecture kaléidoscopique qui place le personnage féminin au cœur de multiples interprétations. Il reste que Kay attribue des formes concrètes à sa peur de l'acte sexuel, prenant le réel

---

[11] Chez Bloch et Wartburg (1300), le mot présente le sens moderne et vient d'une altération d'une forme « *orc* » (de *orcus* : dieu de la mort et enfer). Il rejoint l'italien *orco* (croquemitaine) et l'espagnol archaïque *huerco* (enfer et diable). On le trouve dans une version de Lancelot, on le retrouve sous l'aspect d'un monstre « *corsuz et granz* » qui enlève l'épouse du roi Arthur. Chrétien de Troyes évoque le royaume de « Logre », c'est-à-dire habité par des ogres et qui retiennent des hommes captifs. Ce royaume de Logre serait une représentation des Enfers et Lancelot, en y allant, effectuerait une catabase à la manière d'Orphée. Une autre source rapproche « ogre » de Gorgone et Gargantua, qui sont associés à la racine *garg* qui signifie « gosier ». Voilà pourquoi l'ogre est d'abord celui qui avale, qui fait disparaître dans son grand « gosier ». Souvenons-nous en effet du père de Gargantua nommé Grandgousier et de sa mère Gargamelle, Gargantua étant lui-même un géant capable de se nourrir de plusieurs tonnes d'aliments. Dès lors, l'ogre sera de deux sortes : *l'ogre solaire* (le bon géant), lié à l'étymologie de Gargantua (*kar* ou *kal*, *gar* ou *gal* désignant la pierre que l'on utilise pour rendre un culte au soleil – Gargan-Gargantua, le soleil celtique) ; et *l'ogre souterrain* que l'on associe à une entité qui avale le soleil, « l'*orcus* souterrain ». Cet ogre établit une corrélation entre l'engloutissement, les ténèbres (la nuit) et la mort.

comme support et comme masque. Le petit homme incarne la peur de la chair et l'angoisse de Kay face à son propre accès au monde de la sexualité. L'on peut aussi associer ces multiples images de voiles blancs (« brouillard », « suaire », « linceul » et « imperméable ») qu'évoque Kay à son obsession de sa virginité dont elle n'a pas encore conscience, mais qui se traduit par ce désir de se protéger contre toute atteinte extérieure. Par un système de correspondances métaphoriques, Truman Capote laisse deviner une sorte de duel entre désir de commettre l'acte et peur : les visions de blancheur excessive s'opposent à celles de couleurs éclatantes, en particulier le rouge, signe d'un voile rompu, d'un hymen déchiré, que craint la jeune fille dévisagée par l'homme qu'elle trouve à fois écœurant et fascinant. Un passage, peu avant la clôture du récit, révèle le véritable mal de Kay et peut expliquer l'émergence de ce délire qui la conduit à croire à une agression imminente. Les mots de Capote sont alors sans équivoque, même s'ils nous orientent vers une portée symbolique inconsciente. Kay a fui le compartiment et ses étranges compagnons de voyage. Elle vient d'être en proie à une crise de larmes. Le dévoilement du trauma se fait selon différentes phases et sur les modes de l'implicite et du métaphorique ; au lecteur de saisir, par textanalyse, les indices inconscients qui affleurent dans l'écriture :

« Tout à coup, une impulsion étrange l'obligea à s'agenouiller et à toucher la lampe. Son gracieux tuyau de verre était chaud et la lueur rougeoyante pénétra ses mains et les rendit lumineuses. La chaleur lui dégela les doigts et lui donna des picotements le long des bras. Elle était si absorbée qu'elle n'entendit pas la porte s'ouvrir. Le roulement du train, avec son bruit de ferraille, assourdit les pas de l'homme. Ce fut une sensation ténue, presque imperceptible, qui finalement l'alerta ; mais il se passa quelques secondes, avant qu'elle eût le courage de se retourner […] Se tenant au garde-fou, elle se releva petit à petit, jusqu'à ce qu'elle fût debout. L'homme hocha la tête et lui montra la porte d'un geste… Kay respira profondément et s'avança. Ils rentrèrent ensemble dans le wagon. L'atmosphère y était lourde de sommeil : une lumière solitaire éclairait l'ensemble du wagon et créait ainsi une sorte de pénombre artificielle. Il n'y avait d'autres mouvements que le roulis paresseux du train et le froissement furtif des journaux jetés au rebut. Seule la femme était éveillée. On pouvait voir qu'elle était tout excitée : elle tripotait nerveusement ses boucles et ses cerises en celluloïd et, dans son agitation, balançait ses petites jambes dodues, croisées aux chevilles, d'avant en arrière. Elle ne fit pas attention quand Kay s'assit. L'homme s'installa dans son siège, une jambe repliée sous lui et les bras croisés sur la poitrine. » (p. 31.)

Commentaire textanalytique de l'extrait :

« Tout à coup, une impulsion étrange l'obligea à s'agenouiller et à toucher la lampe. Son gracieux tuyau de verre était chaud et la lueur rougeoyante pénétra ses mains et les rendit lumineuses. La chaleur lui dégela les doigts et lui donna des picotements le long des bras. » : après ses sanglots, Kay éprouve une faiblesse qui la contraint à s'agenouiller vers ce tuyau oblong et chaud, étrange attitude après les larmes de la frayeur. Ici, le récit bascule dans ce domaine que Kay refuse de voir et qui pourtant explique l'origine de son malaise tout au long du voyage. Comment ne pas saisir, dans cet affaiblissement et cette chaleur envahissante, l'émergence d'un trouble d'ordre sexuel, d'autant plus accentué par l'image phallique du tuyau qu'elle touche ? Aussitôt l'écriture use de mots à connotation érotique : « pénétra », « la chaleur lui dégela les doigts », « picotements ». Mais les mots capteurs d'onirisme ne se livrent pas tels quels puisque, de surcroît, il s'agit d'un rêve qui, par définition, renferme des indices de condensation. Ainsi, le tuyau, avatar d'un phallus redouté et désiré, se remplit de chaleur (le verre est chaud, précise l'écriture) et la « lueur rougeoyante » pénétrant ses mains peut se lire comme le produit de l'éjaculation d'une verge turgescente qui se macule du sang de Kay, la jeune fille vierge du train de nuit.

Il est question ensuite de l'irruption dans le couloir de l'homme associé au croquemitaine : « Elle était si absorbée qu'elle n'entendit pas la porte s'ouvrir. Le roulement du train, avec son bruit de ferraille, assourdit les pas de l'homme. » L'écriture de Capote maintiendra l'ambiguïté et le doute jusqu'à la fin de la nouvelle. Il peut s'agir d'une agression réelle, comme de sa fantasmatisation. L'apparition de l'homme dans le couloir où elle s'était réfugiée est aussitôt suivie de l'évocation du croquemitaine comparé à un arbre de nuit « aux branches hantées ». Figure d'hypallage, le mot-pivot « hantées » concernerait davantage l'esprit de Kay que l'arbre-ogre qui s'empare de l'enfant. La hantise de la dévoration chez l'enfant Kay se prolonge par l'appréhension de l'acte sexuel chez la jeune fille Kay, en proie à un désir contradictoire mêlé de dégoût et d'envie. Les branches de l'arbre de nuit s'apparentent aux bras d'un homme-père-amant qu'elle redoute, mais qu'elle recherche secrètement sans se l'avouer. Voilà pourquoi la chaleur du tuyau rougeoyant de lumière lui procure des picotements et l'extrait du réel. Kay est trop « absorbée » (précise Capote), toute entière plongée dans un début d'extase qui ne dit pas son nom. Le

« garde-fou » contre lequel elle s'appuie suggère encore un inconscient du texte dont Capote a le secret. Il s'agit bien pour Kay de se prémunir contre son propre désir et de placer un barrage entre son corps et l'objet inavoué de sa quête. Toute la scène est narrée ensuite sur le mode implicite érotique : une « atmosphère lourde de sommeil » (Kay se laisse faire par l'homme en rêve ou en réalité) ; une « pénombre artificielle » instaure une intimité propre à l'amour, et le « roulis paresseux » du train ainsi que le « froissement furtif des journaux » ne font que désigner implicitement l'acte charnel et le plaisir auxquels Kay s'adonne. Le style de Capote n'indique pas de manière certaine si Kay et l'homme font l'amour réellement ou si elle est contrainte sous le regard voyeur de la grosse dame « tout excitée » qui « tripot[e] nerveusement ses boucles et ses cerises ». Le choix des expressions à forte connotation sexuelle (comme « balançait… d'avant en arrière », « excitée » ou « agitation ») maintient une forme d'indécidabilité ou d'incertitude textuelles. L'écriture livre le fin mot de l'histoire tout en se cachant, comme un voile déchiré refermé aussitôt sous le regard de Kay en quête d'elle-même. L'on saisit mieux alors la raison pour laquelle cette scène étrange se termine sur la pose énigmatique de l'homme qui s'installe dans son siège « une jambe repliée sous lui et les bras croisés sur sa poitrine », pareil au Sphinx attendant la réponse d'Œdipe. Kay accepte alors d'acheter l'amulette, ce noyau de pêche, substitut de son voile-hymen, que l'homme avait croqué peu auparavant de manière obscène. L'image finale du « rocher en forme de lune glissant et s'engloutissant sous une nappe d'eau » signale enfin la pleine acceptation par Kay de sa jouissance, et son accès à sa féminité lorsqu'elle se laisse aller « à une chaude somnolence ».

Par-delà l'histoire sordide d'une agression de jeune fille dans un train de nuit jusqu'au vol et au meurtre du personnage, Capote offre au lecteur un second décryptage, sur le mode onirique et fantasmatique : le tourment psychique d'une jeune fille, lors d'un voyage nocturne en train, faisant naître des doubles monstrueux, reflets de son obscur objet de désir.

Miriam ou le motif de la poupée animée

Le personnage le plus clairement associé à l'enfance est la vieille Mrs. Miriam Miller, personnage éponyme et double de la deuxième nouvelle du recueil. Cette nouvelle fantastique de Truman Capote s'attarde sur la folie d'une vieille dame âgée et veuve, retirée du monde en quelque sorte, menant une vie monotone empreinte de solitude et de frustration. L'intrusion d'une autre Miriam, une petite fille fantasque et diabolique, dans son quotidien routinier introduit une inquiétante étrangeté au sein de son existence. Le narrateur crée ainsi un *Doppelgänger* destiné à plonger la vieille Miriam au cœur d'une paranoïa grandissante. Miriam, tel un reflet de son enfance ou allégorie d'une vie qui se poursuit au dehors, force la porte de la vieille dame, envahit son logement tranquille et le dévaste. La nouvelle se clôt sur une crise d'ordre schizophrénique, laissant Miriam aux prises avec ses hallucinations, masques grimaçants d'un passé refoulé, désireux de refaire surface. Truman Capote use alors du genre fantastique comme vecteur de l'aliénation mentale, sur le mode d'une manifestation des démons intérieurs.

1. La poupée Miriam

C'est d'abord par le motif de la poupée que l'écrivain inscrit le processus de la mélancolisation dont souffre le personnage. Les deux premières apparitions de la petite Miriam à l'adulte Miriam insistent sur son allure de poupée parfaite, lisse et artificielle. Miriam est une sorte d'effigie mouvante que Miriam, la veuve de 62 ans, est seule à voir. Miriam comporte tous les attributs de la poupée :

- la chevelure : « Mrs. Miller n'avait jamais vu de cheveux aussi longs et aussi étranges : ils étaient *blancs d'argent*, comme des cheveux d'albinos. Ils descendaient en longues lignes soyeuses jusqu'à la taille d'enfant. » (p. 36, nous soulignons) ;

- la tenue vestimentaire trop parfaite, artificielle et imitée de la mode adulte, propre aux poupées vendues avec un jeu de vêtements adaptés aux désirs des enfants. Première apparition : « Dans sa façon de se tenir, les mains dans les poches de sa veste en velours prune, il y avait une élégance toute simple et très particulière… Elle portait une jolie robe bleu foncé. Une chaîne d'or lui pendait au cou… » Deuxième apparition : « Elle vit que Miriam portait le même paletot de velours prune, mais elle avait en plus un béret pour compléter l'ensemble… Elle portait une robe de soie, de soie blanche. Soie blanche en février. La jupe était merveilleusement plissée et les manches étaient longues. Le tout bruissait doucement quand elle marchait dans la chambre » (p. 39) ;

- un regard inhumain, fixe, de billes : « Mrs. Miller finit par conclure que ce qu'elle avait de plus remarquable, ce n'était pas les cheveux, mais les yeux. Ils étaient couleur noisette, fixes, sans rien d'enfantin, et ils étaient si grands qu'ils lui mangeaient tout son visage. » (p. 37.) Ce sont en effet les yeux de poupée qui, dans l'ensemble de l'objet, sont éloignés du naturel humain, trop fixes ou disproportionnés pour le visage.

Tout se passe comme si la vieille dame avait donné à ses souvenirs une forme objectivement visible et, finalement, dotée d'une autonomie. La poupée-petite fille Miriam est comme animée par l'adulte nostalgique, mais à son insu et contre sa volonté. Car Miriam adulte craint de plus en plus cette créature aux allures d'enfant et de « petite femme », un aspect que les fabricants de jouets donnent habituellement aux poupées afin de produire des miniatures du monde réel. Cette projection ludique et schizophrénique suscite alors une angoisse insurmontable chez Miriam qui, pourtant, a donné naissance à cette apparition. Le *topos* de la poupée, objet-jouet animé, parcourt la nouvelle ; et ce qui n'était qu'une métaphore se concrétise en un véritable objet puisque Miriam sonne une deuxième fois à la porte de la vieille dame, une poupée dans les bras et une seconde cachée dans un carton. Le trio de poupée (l'une animée, les deux autres sans vie et vêtues comme la petite fille) prend possession du logement de la veuve et de son psychisme : « Elle alla sur la pointe des pieds jusqu'à la porte qu'elle entrebâilla à peine. Miriam, une magnifique poupée française dans les bras, était à demi étendue sur une boîte en carton. » (p. 45.)

La position de la petite fille, installée sur la boîte, lui donne le statut de poupée, comme une réduplication de celle placée entre ses bras. Quelle ne sera pas la surprise de Miriam adulte quand elle découvre qu'à l'intérieur du carton se trouve une seconde poupée : « Mrs. Miller s'agenouilla, souleva le couvercle et sortit une autre poupée, puis le costume bleu qu'elle se rappelait avoir vu sur Miriam le soir où, pour la première fois, elle l'avait rencontrée au cinéma. » Ce don de poupée accentue la gémellité des deux Miriam : la petite fille possède une poupée et elle en offre une à son double adulte. Les deux personnages se trouvent maintenant placés sur un même plan, mais la veuve subit une régression au stade enfantin alors que Miriam l'enfant semble de plus en plus vouloir s'emparer des attributs de l'adulte par sa démarche, ses vols d'objet et sa façon de s'imposer avec violence et perversité parfois. Cette sorte de vampirisation est telle que la petite Miriam subit même un vieillissement, prête à s'emparer totalement de l'autre Miriam : « À la lumière du jour, elle avait l'air fatiguée, les traits tirés. Ses cheveux avaient perdu leur luminosité. La poupée française qu'elle cajolait portait une exquise perruque poudrée et ses yeux de verre au regard idiot cherchaient à se poser sur ceux de Miriam. » La poupée pourrait alors jouer le rôle d'intermédiaire ou d'objet-interface entre les deux Miriam. Alors que l'enfant Miriam voit son apparence se dégrader comme s'il s'était agi de capter les traits de la veuve, la poupée au contraire garde son brillant artificiel. De plus, si la vieille dame se voit confier une poupée identique à celle de l'enfant, il ne sera pas question pour elle de se régénérer ou de rajeunir – ce que l'on attendrait d'un véritable échange d'identité –, mais d'être chosifiée à l'image de son existence vide et inactive. L'aventure que vit Miriam à 62 ans n'est qu'une allégorie de son vécu et de la façon dont elle va l'achever, réduite à un objet sans vie, inutile à la société pour laquelle elle est devenue transparente et inexistante. Par-delà l'histoire fantastique d'une folie, Truman Capote livre dans cette nouvelle un aspect de la mélancolie qui atteint en particulier les personnes âgées, reléguées à une vacuité sociale parce qu'elles ne sont plus considérées comme des personnes capables de produire ou de fournir une énergie. Cette réification des vieux est particulièrement visible dans *Miriam* car le narrateur ne cesse de montrer que la mort est déjà en marche dans l'existence de son personnage, avant même sa disparition physique et objective. Les différentes apparitions de Miriam insistent sur ces tentatives de lutte et de révolte contre le temps et ses effets destructeurs. La poupée ramène Miriam à sa petite enfance, à la grâce enfantine et à cette nostalgie du royaume de l'enfance. Mais, objet redoutable, elle signale aussi l'inéluctable dégénérescence de l'être humain. Aussi, par une formule chiasmique d'échange d'état, l'une devenant l'autre, les deux Miriam, loin de fusionner harmonieusement, comme on le verra pour Vincent-D. J. de *L'Épervier sans tête*, vont-elles s'affronter jusqu'à la folie, nettement perceptible dans les deux dernières pages de la nouvelle, lorsque l'espace se métamorphosera et semblera tournoyer sous les yeux de Miriam l'adulte, égarée et décontenancée par cette étrange rencontre.

L'écriture s'affole, à l'image de cette mise en abîme dont bénéficie la poupée. En effet, l'histoire de la vieille Miriam peut se réduire à une sorte d'effet de poupées gigognes :

- Miriam possède les traits et la tenue vestimentaire d'une poupée qui s'anime au contact du personnage homonyme, seul à voir l'enfant et à lui parler ;
- puis la poupée Miriam animée vient un soir chez Miriam, la vieille dame, porteuse d'une vraie poupée (le jouet) qui porte une robe semblable à la sienne (second niveau de l'enchâssement) ;
- la poupée Miriam animée tend ensuite à Miriam l'adulte une deuxième poupée (un autre jouet à l'image de la première poupée qu'elle tient dans ses bras). C'est un troisième niveau d'enchâssement.

Nous nous trouvons face à deux doublets : deux Miriam face à leur poupée respective. Mais en fait, à bien compter, nous sommes en présence de trois poupées dont une s'anime sous les traits de la petite Miriam. L'enfant tend les deux jouets, multipliant ainsi sa propre réduplication et offrant à la vieille Miriam la vision d'un refoulé liée à l'enfance. Plusieurs interprétations s'offrent au lecteur :

- le désir inconscient de retourner à l'enfance, comme s'il s'agissait d'une régression de Miriam, paniquée par les effets du vieillissement, atteinte soudainement de jeunisme ;
- le désir de retrouver l'image de sa propre enfance, tant il est vrai que son appartement trop bien rangé et peuplé d'objets artificiels rappelle une maison de poupée. On peut même considérer (nouvelle mise en abîme) la présence du canari comme la copie ironique de la vieille dame, enfermée dans sa cage dorée et que la petite Miriam se fera un plaisir d'ouvrir ;
- il peut encore s'agir d'une projection d'un regret : un enfant non né ou perdu. Miriam fait naître cette petite fille dans la rue, au moment où, trop seule, elle décide de se rendre au cinéma. N'est-ce pas un

film intérieur et plus tragique qui se réalise alors dans son existence, avec l'entrée de l'enfant dans cette vie trop tranquille ?

- enfin, Miriam peut revivre, dans son vieil âge, un trauma d'enfance : la perte des parents ou de la mère, ou l'errance dans une rue, ce qui expliquerait sa peur de s'aventurer au-delà de l'épicerie du coin et sa démarche de taupe. Dès lors, cette crise d'*abandonnisme* refait surface à un âge où Miriam croyait avoir tout oublié. Ajoutons, comme pour *L'Arbre de nuit*, la riche onomastique capotienne : Miriam comporte le verbe « mirer » et le nom « âme », symbolisant la fonction essentielle de l'enfant-poupée qui est de tendre un miroir cruel à une vieille dame en fin de vie. L'allure gentille de l'enfant fait écho au comportement apparemment irréprochable du personnage principal, Miriam. Mais peu à peu, la violence et la perversité grandissantes de la petite fille renverront à l'adulte un reflet négatif et révélateur de défauts : un caractère maniaque, un manque de générosité et un repli sur soi. Miriam ne s'intéresse à rien en dehors de sa sphère privée et de son petit chez soi. Voilà pourquoi la mise en abîme ne concernera pas seulement la poupée, mais aussi l'espace de plus en plus restreint. Nous assisterons alors à une fermeture progressive des lieux de vie de Miriam, de manière concentrique : de la rue inaugurant le récit, nous passons à la salle noire et fermée du cinéma, avant de terminer notre cheminement dans l'appartement de Miriam, de son salon à sa chambre, jusqu'à la prison de son psychisme, son crâne s'emplissant de bruits : Miriam termine sa vie dans un état cataleptique à la fin de la nouvelle : « Mrs. Miller se raidit. Les yeux grands ouverts, hagards, elle fixait un point, droit devant elle. » (p. 49.)

L'espace se sonorisera, les bruits augmenteront en intensité. Plongée au cœur d'une douloureuse hallucination auditive, Miriam ne peut alors que percevoir le réel sous des formes incertaines et déroutantes. Du motif du *Doppelgänger*, nous sommes passés à celui du *poltergeist* et aux manifestations d'un esprit frappeur de plus en plus insidieux et violent : « Elle tendait l'oreille, toute heureuse, et voilà qu'elle entendit un double bruit : un tiroir de commode qu'on ouvrait et refermait ; il lui sembla l'entendre encore longtemps après qu'il eut cessé… ouvert, fermé. Puis peu à peu la dureté de ce bruit céda la place à un frôlement de soie, et ce murmure ténu, à peine perceptible, s'approchait, enflait jusqu'à faire vibrer les murs sous ses ondes, jusqu'à faire chavirer la chambre sous une vague de bruissements. » (p. 49.) Cet explicit reflète parfaitement la façon dont le narrateur décrit le phénomène, évoqué de l'intérieur, du psychisme et de la perception interne de Miriam. Le frôlement qu'elle entend et qui ne peut être audible par un tiers s'amplifie jusqu'à faire trembler les parois de son appartement. L'écriture met en scène une crise de schizophrénie poussée à son paroxysme. Miriam vit ensuite une sorte de catalepsie, « les yeux grands ouverts, hagards », fixant un point droit devant elle. Ce point n'existe que pour Miriam qui perçoit de nouveau son double. La maladie est nettement déclarée à la fin de cette nouvelle qui se clôt comme elle a débuté par le prénom « Miriam » (mot du titre, mot de la fin). Ce retour du même crée un effet de boucle, figure de l'enfermement du bilieux dans sa mélancolie noire et de l'emprisonnement d'un esprit dans sa folie. Le parcours du personnage signale dès lors un espace de plus en plus menaçant, comme si la ville de New York avait pris les traits d'une créature maléfique, génératrice d'angoisses et de folie.

2. New York la maléfique

Dans les cinq nouvelles de notre corpus, Truman Capote oppose La Nouvelle-Orléans (le lieu emblématique du passé et la source d'une rêverie nostalgique), entre autres villes du sud des États-Unis, à New York, où les personnages semblent s'être échoués. Ainsi, Mrs. H. T. Miller traverse cette ville en étant frappée d'invisibilité. La veuve de 62 ans trouve à New York un espace et un mode de vie qui accentuent sa propre insignifiance. Miriam apparaît, dans notre corpus, comme le personnage le plus isolé et le plus travaillé par le retour douloureux d'un passé. Mrs. Miller, comme Mrs. Y. dépeinte dans le récit consacré à la Nouvelle-Orléans, choisit cette vie de recluse, et le réel alentour n'a aucune véritable prise sur elle. Le narrateur signale ses rares sorties, limitées d'ailleurs à certaines rues de la ville, comme si sortir et s'aventurer « au-delà de l'épicerie du coin » la mettraient en danger : « Mrs. Miller se hâtait, tête baissée, aussi absorbée qu'une taupe creusant ses tunnels aveugles. » (p. 36.) La ville accentue la solitude du personnage et organise une sorte de dispositif fondé sur l'absence de visibilité. La métaphore animale de la taupe rattache Mrs. Miller à un univers calfeutré et aveugle. La vieille dame passe inaperçue dans une ville qui génère l'anonymat absolu. Les rues sont désertes et les gens s'y croisent en s'ignorant. Le système d'énonciation est sur ce plan significatif : chaque mention de tiers ou d'une foule se caractérise par des formules générales et globalisantes, comme si Mrs. Miller habitait une ville fantôme ou que les gens tenaient lieu de simple décor. Devant le cinéma, les spectateurs sont désignés par le biais du pronom indéfini « on » (« on faisait la queue »), ou d'expressions à valeur collective (comme « la queue », « la salle »), ou encore par synecdoques comme l'indiquent les mots « roues » et « pas » pour désigner la vie au-dehors (« Les roues et les pas circulaient sans bruit dans la rue »). L'univers new-yorkais n'est perçu que par bribes ou par une vision d'ensemble et indistincte. La ville souligne en quelque sorte la mort de l'individu. Voilà pourquoi l'écriture métaphorique de Capote segmente, parcellise le monde extérieur (« Il faut avouer que la 2e Avenue est une rue déprimante, faite de pièces et de morceaux ; ici des pavés, là de l'asphalte, un peu plus loin du ciment »), ou le restitue de façon globale. Ainsi, les tropes de substitution « roues » et « pas » se synthétisent-ils à travers l'expression « les bruits ». À cela s'ajoutent des annotations météorologiques ou cosmiques destinées à mettre en relief la totale déréliction du personnage : « il n'y avait ni ciel ni terre, rien que la neige que le vent fouettait, de la neige qui givrait les fenêtres ». Baignant dans un espace indéfini aux volumes et aux lignes vagues ou confuses, Mrs. Miller se déplace comme dans un labyrinthe, en tâchant de tracer sa propre voie, suivant ses propres repères. Mais les numéros des rues ou avenues, paradoxalement, ne sont évoqués que pour égarer davantage la vieille dame. Cette constante rationalisation mathématique de la ville de New York exclut au contraire toute forme de rigueur. Plus le narrateur précise les chiffres, moins le personnage se sent rassuré par cette ville damier, qui tranche sur l'aspect feutré et chaud de son appartement. À l'extérieur, Mrs. Miller serre son sac, s'accrochant à un élément familier, et avance comme une taupe creusant ses tunnels. Tout se passe comme si la vieille dame avait besoin d'un parcours fléché pour sortir de chez elle et se rendre dans des endroits bien précis de la ville[12]. L'on comprendra par la suite que ces petits signes d'apeurement face au monde extérieur annoncent la crise aiguë de

---

[12] Ces indices numériques pour offrir une vision de la ville sont fréquemment utilisés dans des œuvres romanesques qui évoquent implicitement ou explicitement le mythe du labyrinthe. Mais, malgré les précisions du narrateur, l'écriture s'évertue à montrer un protagoniste errant dans une ville inconnue, piégé par son dédale, même si les lignes sont droites. Ainsi la ville de Bleston se moque-t-elle de Jacques Revel dans *L'Emploi du temps* de Michel Butor : « T'imagines-tu te débarrasser, me débarrasser, dérisoire alchimiste, si rapidement, si commodément de mon immense puissance d'ombre, de ce monstre de lassitude qui ronge ta résolution et qui ne demande qu'à se laisser ignorer pour mieux te perdre. »

schizophrénie qui s'emparera de l'esprit du personnage, cherchant un abri au cœur de son appartement.

Parfois, le caractère maléfique de la ville se manifeste par des sortes de pièges tendus à Mrs. Miller, lui faisant croire que le printemps est revenu et qu'il serait agréable de s'aventurer un peu plus loin. La vieille dame se risque par exemple jusqu'à la 66e Rue pour y faire des emplettes, séduite par les rayons de soleil et la tiédeur de l'air. Mais ses déambulations réactivent son malaise pour deux raisons : la foule annihile sa présence et les rues se désertifient progressivement : « les passants rapides et absorbés qui lui donnaient une sensation troublante de solitude… Mrs. Miller traversa cinq rues sans rencontrer personne… » La vieille dame finit par souffrir d'une agoraphobie qui va se traduire par la création psychique d'un homme hideux, vieillard bancal, qu'elle sera seule à voir dans la rue et par lequel elle se croira poursuivie, voire traquée. Le narrateur précise alors qu'elle suivait son reflet mouvant dans les vitrines, après l'avoir aperçu au coin de la 3e Avenue. Le fantastique naît précisément de ce surgissement de l'insolite : le vieillard fait irruption à un carrefour et ensuite n'est visible qu'à travers les vitrines. On peut s'interroger sur la réalité de ce personnage dont la brusque apparition et le reflet dans les vitrines soulignent justement son irréalité[13].

Ce vieillard monstrueux, « courbé sur une brassée de gros paquets » et portant une casquette à carreaux (rappelant les rues de la ville), n'a finalement pas de visage distinct, si ce n'est un sourire dans sa direction que Mrs. Miller est convaincue d'avoir vu. De fait, elle rencontre un semblable qui lui renvoie en quelque sorte la vacuité et la tristesse de sa propre existence. S'établit alors une connivence, une forme de reconnaissance entre ces personnages atteints de cécité, anonymes mais familiers et identiques par leur sentiment de déréliction : « C'est tandis qu'elle attendait au coin de la 3e Avenue qu'elle vit l'homme, un vieillard bancal… Brusquement elle s'aperçut qu'ils échangeaient des sourires ; il n'y avait rien d'amical dans ces sourires, simplement deux froids éclairs de reconnaissance. Mais elle

---

[13] Les motifs de la vitre ou de la vitrine sont récurrents dans les nouvelles fantastiques de Truman Capote lorsque les personnages affrontent leur double dans la rue. Miriam voit ce vieil homme à travers son reflet mouvant dans les vitrines ; Vincent, dans *L'Épervier sans tête*, suivra D. J. en fixant la double épaisseur de verre où « elle se déformait en ondulations vertes », et Sylvia, dans *Monsieur Maléfique*, sera terrorisée par les images d'un Père Noël obscène et d'une jeune fille à bicyclette, posés derrière une vitrine de magasin. La vitre ou le verre, élément de séparation et de vision, symbolise l'entrée du *Doppelgänger* et, en même temps, la scission qui atteint le sujet malade.

était certaine qu'elle ne l'avait jamais vu de sa vie. » (p. 43.) Cette sortie dans la 66e Avenue (peut-on y voir une allusion au chiffre de la Bête ?) se solde par un échec et le soleil si généreux de ce mardi matin (« qui glissait en lamelles incisives à travers les jalousies ») se voile pour laisser place à une atmosphère délétère et froide (« des nuages d'hiver, tels des verres dépolis, jetaient une ombre sur le soleil, et une ébauche de crépuscule colorait le ciel »). L'écriture semble traiter New York comme une entité quasi diabolique et cruelle, capable de tendre à chaque personnage le miroir redoutable de ses manques et de ses béances. Les rues et les traversées de la ville ne sont évoquées que pour mettre en relief la solitude des personnages atteints de mélancolie et qui deviennent leur propre ennemi. Les différentes marches dans cet espace gris et neigeux (les cinq nouvelles choisissent l'hiver comme saison) s'accompagnent ensuite d'une perte de la notion du temps, en particulier lorsque les personnages se cloîtrent chez eux, soit malades, soit épuisés par le simple quotidien et la banalité des actes à accomplir. « Il neigea toute la semaine. Les roues et les pas circulaient sans bruit dans la rue, comme si l'agitation de la vie continuait secrètement derrière un rideau pâle, mais impénétrable » : la saison ne fait qu'embourber davantage les personnages dans l'inaction et l'inertie. Le blanc neigeux estompant et étouffant les bruits extérieurs contamine les personnages en gommant les contours de leur existence, comme pour les absorber dans cette somnolence généralisée, les projetant dans une mort prématurée.

3. Miriam l'enfant, figure allégorique de la mort et des Enfers

Après la première visite de la jeune Miriam, Mrs. Miller fait un étrange rêve qui confère à l'enfant une fonction de psychopompe :

> « Un rêve passait parmi les autres, ainsi qu'un thème furtif et mystérieux dans une symphonie compliquée, et les scènes qu'il évoquait avaient des contours précis, comme tracés par une main experte dans la fermeté du trait : une petite fille vêtue d'une robe de mariée et couronnée d'une guirlande de feuilles descendait en tête d'une procession grise un chemin de montagne. Un silence étrange régnait, quand soudain, une femme, en queue de la file, demanda :
> — Où nous conduit-elle ?
> — Personne ne le sait, dit un vieillard qui marchait au premier rang.
> — Mais n'est-ce pas qu'elle est jolie ? hasarda un troisième, n'est-ce pas qu'on dirait une fleur de givre… si blanche, si étincelante ? » (p. 43.)

Le personnage de Miriam est polymorphe dans la mesure où il se trouve à un carrefour de mythes et de légendes contenus dans ce rêve étrange empli de traits contradictoires. Ce passage se caractérise par un lexique et un sémantisme antithétiques. On notera des oppositions entre l'enfant guide et le reste de la procession qualifiée de « grise » par Capote. On peut interpréter cette couleur comme un renvoi à l'âge avancé des participants, menés par cette enfant, comparée par la suite à une fleur de givre blanche, vers une destination inconnue. La scène à connotation mystique et eschatologique relève d'une sorte de rituel de mort ou de conduite vers les Enfers. L'enfant apparaît comme la figure initiée par excellence, apte à conduire les officiants vers le séjour des morts. Car il s'agit sans doute (en raison du contexte délétère de la nouvelle) d'un passage de la vie à la mort, obsession sourde de Mrs. Miller. On retrouve dans cette scène tant les indices appartenant au mythe d'Éleusis, qu'à celui de Charon embarquant les morts sur le Styx et l'Achéron. La montagne et la présence des guirlandes de feuilles, comme l'étrange beauté de la jeune fille, nous plongent dans l'univers de Déméter à la recherche de sa fille Perséphone, enlevée par Hadès. La quête longue et douloureuse de Déméter sera ensuite restituée dans les mystères d'Éleusis qui touchent au double motif de la naissance et de la résurrection[14], ce qui pourrait nous éclairer sur la présence antinomique de l'enfant et des vieux, signes de l'origine et de la fin. Ce rêve de la petite fille guide reflète les enjeux de la rencontre entre Mrs. Miller et Miriam, dont la vieille dame n'a cependant pas encore conscience. La rencontre avec l'enfant Miriam réveille un malaise et provoque des troubles psychiques de plus en plus graves. Dans un crescendo, le vieillard du rêve réapparaîtra lors d'une de ses promenades dans la 66e Avenue : un personnage bancal au comportement équivoque, qui lui fera un geste, s'apparentant à un signe de reconnaissance. Rêve et réalité ne se distinguent plus et ce continuum va peu à peu déstabiliser Mrs. Miller, jusqu'à la folie déclarée à la fin de la nouvelle.

Le rêve de Mrs. Miller évoque ensuite la figure principale du *Joueur de flûte de Hamelin*, conte pour enfant narrant le châtiment d'un village entier qui refusait d'honorer sa dette au magicien qui l'avait entièrement

---

[14] Déméter, déesse de la fertilité, déesse maternelle de la terre, la Terre-Mère, dont le culte remonte à la plus haute Antiquité et se revêt des plus grands mystères. Elle est au centre des mystères initiatiques d'Éleusis qui célèbrent les éternels recommencements, le cycle des morts et des renaissances, dans le sens probable d'une spiritualisation progressive de la matière. Elle mit au monde Perséphone, fille unique, qui fut enlevée par Hadès et devint reine des Enfers… Elles sont invoquées ensemble dans les cultes pour assurer la survivance des âmes dans le monde des morts.

débarrassé des rats. On retrouve en effet l'image de cette procession de garçons conduite cette fois par un jeune personnage masculin, le flûtiste (figure de la déesse Athéna) au-delà d'une montagne, probablement vers la mort. Le village est ainsi privé de toute descendance. Miriam, l'enfant guide, pourrait donc apparaître aussi comme l'instrument d'une volonté divine[15], figure d'un ange exterminateur, tel que le décrivent les textes de nature apocalyptique ou étiologique (de la création du monde à son anéantissement[16]). L'on comprend alors pourquoi la jeune Miriam est aussi ambivalente, partagée entre la délicatesse de l'enfant et la violence de l'adulte, personnage fabriqué en clair-obscur, partagé entre le bien et le mal : « Puis allant droit à la table à thé, elle saisit le vase de roses artificielles, le porta à un endroit où la surface du plancher était dure et nue et le laissa tomber violemment. Des éclats de verre volèrent de tous côtés. D'un coup de pied, elle écrasa le bouquet. » L'enfant se montrera de plus en plus fantasque et agressive, affichant un comportement iconoclaste, brisant les objets qu'affectionne la vieille dame et s'emparant de ses souvenirs comme s'il s'était agi de balayer le passé et de tirer un trait sur ce à quoi Mrs. Miller tenait profondément (le camée de son mari dont Miriam s'empare sans pitié par exemple).

Truman Capote ajoute à ce personnage une autre intertextualité fantastique et mythologique : Miriam, au-delà de ses attributs de passeur de morts, pourrait bien incarner une figure méphistophélique, une incarnation,

---

[15] L'enfant, dans l'Ancien et le Nouveau Testament, est sollicité pour souligner les décisions de Dieu, pour mettre en relief le mystère de ses actes. Capote, instruit dès son plus jeune âge des Écritures, aura fait de la petite Miriam la figure de la contiguïté du Bien et du Mal, à l'instar de l'enfant dont parle le texte biblique consacré à Isaïe : « Loup et agneau vivront ensemble/Léopard et chevreau dans la même tanière/Dans les prés le tigron et le veau côte à côte menés par un petit garçon… et le bébé jouera sur le trou du serpent/Vers le nid des vipères l'enfant tendra la main… » (Isaïe 11, 6-9.)

[16] La Genèse fait allusion, après l'exclusion d'Adam et Ève du Paradis, aux chérubins (incarnant la pureté et l'innocence de l'enfant dans l'iconographie sacrée) munis d'une épée aux « spirales de feu pour veiller sur le chemin de l'arbre de vie » (chap. 24). L'on se souviendra encore du combat de Jacob et de l'ange à propos duquel Élie Wiesel écrit : « Aventure étrange, mystérieuse de bout en bout, d'une beauté à faire frémir, d'une intensité à faire douter des sens. Qui n'a-t-elle pas fasciné ? Philosophes et poètes, rabbins et conteurs, tous cherchent à résoudre l'énigme de ce qui s'est passé cette nuit-là, à quelques pas du ruisseau Yabbok. » Ruth Scheps signalera, dans son article consacré à cet étrange combat, « l'attitude paradoxale de l'ange, qui blesse Jacob avant de le bénir » (site Yeshaya Dalsace – le site du judaïsme massorti francophone). L'ange aussi souriant, investi du pouvoir divin soit-il, n'en est pas moins redoutable. Ainsi, celui qui perce par deux fois sainte Thérèse dans la *Transverbération* sculptée par Le Bernin insiste sur l'ambivalence des actes et des sentiments éprouvés.

sous une forme enfantine et faussement candide, du diable. Les dernières lignes de la nouvelle accentuent ce caractère luciférien par ce qu'on pourrait appeler les effets *poltergeist* lorsque la chambre de Mrs. Miller se remplit de bruits et de fureur. Le thème fantastique des esprits frappeurs clôt le récit. Mais il s'agit surtout pour Truman Capote d'attribuer une forme littéraire à l'expression d'une folie schizophrénique. Il convoquera ainsi d'autres manifestations diaboliques, comme le chant du canari recouvert par un drap, impossible selon toute logique (« Elle vit tout de suite que la cage était toujours recouverte de sa housse. Et Tommy chantait. L'impression qu'elle en ressentit était étrange »), les apparitions impromptues de Miriam, seule visible de Mrs. Miller, et sa disparition lors de l'incursion d'un voisin (« J'ai regardé partout, dit-il, et il n'y a personne. Personne, vous entendez bien ?… Elle alla jusqu'au milieu de la pièce et resta debout sans bouger. Non, en apparence, rien n'avait changé : les roses, les gâteaux, les cerises étaient à leur place »). Miriam se voit dotée de pouvoirs surnaturels capables de défier ou d'inverser les lois de la nature et la logique cartésienne. L'histoire de Mrs. Miller peut en outre se lire comme un cas de possession : Miriam s'empare de son esprit après avoir envahi son appartement et bouleversé ses habitudes.

On pourra encore ajouter le motif du vampirisme, notamment à travers le passage de la pâleur à la rougeur du visage de l'enfant au contact de Mrs. Miller. La blancheur d'albinos de l'enfant peut s'interpréter comme une absence de vie et donc de sang. Dès lors qu'elle côtoie Mrs. Miller, le teint de Miriam se ravive : « Mrs. Miller remarqua que la petite fille était moins pâle qu'elle ne se figurait ; elle avait les joues en feu. » (p. 39.) On notera encore que les apparitions de Miriam se déroulent le soir (les vampires ne supportent pas la lumière du jour et attendent la nuit pour se nourrir[17]) et que la petite fille s'invite parfois à une heure avancée de la nuit (« Il faut que votre mère soit folle pour laisser une enfant de votre âge se promener comme ça à toutes les heures de la nuit »). Truman Capote inscrit dans cette nouvelle les motifs associés à la littérature autour du mythe de Dracula et de toutes les figures du vampirisme. Le motif de la dévoration se trouvera accentué par les scènes d'alimentation de la petite fille dévorant les gâteaux de Mrs. Miller, l'enfant se nourrissant au sens propre et au figuré de la vieille dame et de son espace. L'envahissement est absolu : du lieu de vie

[17] Ce motif a été employé dans l'œuvre *Dracula* et toutes ses réécritures littéraires et cinématographiques (*Nosferatu* par exemple). Le mot vampire conserve le sens de l'étymon, désignant un fantôme qui sort la nuit de son tombeau pour sucer le sang des vivants.

au corps de la vieille dame au psychisme dérangé (celle-ci s'alite au lendemain de la visite de Miriam). Truman Capote se sert en quelque sorte de toute la gamme fantastique du vampirisme diabolique afin de symboliser la montée de la folie et l'autodévoration du mental atteint d'une maladie qui sépare Mrs. Miller du monde. Il s'agira moins de mettre en place une esthétique fantastique que de s'en servir pour traduire le crescendo d'une aliénation qui tend à la destruction d'un personnage[18].

Mais le délire schizophrénique de Mrs. Miller n'est que l'aboutissement tragique d'un état mélancolique dans lequel elle avait enseveli sa vie de veuve, ignorée dans une ville anonyme. La folie apparaît comme le point d'orgue d'un processus induit par la bile noire propre au mélancolique. L'âge et l'isolement du personnage peuvent pour ainsi dire expliquer l'entrée en maladie. On remarquera que Mrs. Miller tentera à plusieurs reprises de s'échapper de cette emprise mélancolique, mais sans y parvenir, car New York ne l'aide en rien, la ville se liguant même contre le personnage afin de l'égarer davantage. Associée aux Enfers, New York devient un labyrinthe et Miriam n'est pas sans rappeler la légendaire Ariane aux longues tresses blondes, dont le prénom est relié étymologiquement à l'araignée (Arachnée)[19]. Cet indice du mythe du labyrinthe n'aura pas échappé à Truman Capote qui évoque les mouvements d'araignée que fait Miriam de ses doigts lorsqu'elle ramasse les miettes (p. 41). Or, nous savons que ce mythe est relié à celui des Enfers, l'entrée dans le labyrinthe étant une figure spatiale de la catabase. Miriam est bien une jeune Hermès psychopompe enfantine enserrant peu à peu Mrs. Miller dans les rets d'une

---

[18] On peut voir dans la mésaventure de Mrs. Miller une réécriture du *Horla* de Maupassant, dont le personnage, seul et heureux au départ, devient la proie d'un fantôme qui prend sa place peu à peu. L'irruption du Horla est signalée de manière anodine par un simple salut du narrateur à un bateau, alors qu'il regardait le fleuve, euphorique et serein. Le Horla accepte en quelque sorte son invitation et hantera sa demeure et son esprit jusqu'à l'explicit qui ne résout rien. Un passage identique se lit dans la nouvelle de Capote : « Elle ouvrit la fenêtre et s'aperçut que le jour avait la tiédeur du printemps et qu'il dégelait ; une traînée de nuages nouveaux, bien propres, se pressait contre un vaste ciel bleu hors de saison ; et par-delà la ligne basse des toits, elle apercevait la rivière et la fumée d'un remorqueur qui montait en volutes dans la brise tiède. » Après cette scène, Mrs. Miller, recouvrant sa gaieté, se rend en ville et, après quelques emplettes, recommence à voir des doubles, dont Miriam qui frappe de nouveau à sa porte la nuit.

[19] Elle apparaît avec Dédale (et probablement le labyrinthe) dans l'*Iliade* à propos de ce « *choros* » de cette place de danse représentée par Héphaïstos, « toute pareille à celle qu'autrefois dans la vaste Cnossos, Dédale fit pour Ariane aux belles tresses » (XVIII, 590-593)… Ariane figure dans l'*Odyssée* à côté de Phèdre, parmi les nombreuses princesses qu'Ulysse rencontre aux Enfers. » Peyronie André, article « Ariane », in : Brunel P. (dir.), *Dictionnaire des mythes littéraires*, pp. 160 et *sq*.

toile d'araignée, réalisant par là même le dessin d'un délire schizophrénique.

En définitive, l'irruption de cette autre Miriam, petite fille excentrique, incontrôlable et quelque peu violente, mettra un terme à la vie apparemment paisible et terne dans laquelle s'est installée la vieille dame. L'enfant, qui n'est autre qu'un double plus vivant et dynamique de Miriam Miller, envahira son appartement étroit, n'hésitant ni à bouleverser ses habitudes, ni à endommager de vieux objets auxquels la veuve tient (un vase, une broche en camée). Le lecteur comprend peu à peu que la jeune Miriam est l'émanation d'une culpabilité inconsciente de la vieille Miriam ; mieux encore : l'extériorisation d'un désir de résistance au temps et à la décrépitude. Si Miriam pénètre de force dans le modeste logement de Mrs. Miller et impose sa présence alors même que les voisins ne la voient pas, c'est que la vieille dame ne peut échapper à ce désir de revivre son enfance, de recouvrer sa jeunesse. Mais ne voulant pas reconnaître ces regrets dans une vie qu'elle juge confortable, Miriam rejette l'autre Miriam par la fuite ou l'enfermement. Le narrateur confère alors aux différentes incursions de l'enfant dans la vie de l'adulte la valeur d'une métaphore de ce désir obscur et grandissant : celui de l'éternel retour qui suppose que la vieille dame admette sa propre insatisfaction. Mais la douleur du personnage schizoïde s'explique par sa résistance à reconnaître l'évidence : le regret d'un passé et d'une jeunesse envolée. Plus Miriam enfant insistera, en sonnant à la porte (autre image du désir lancinant et puissant), plus Miriam s'efforcera de résister et de refuser l'installation dans la nostalgie. Miriam préfère s'aveugler dans cette ville où le véritable échange n'existe pas, où les personnes communiquent comme à travers une parole blanche, une verbigération[20] mondaine et conforme aux codes sociaux. Mais la bile noire, sous la forme d'une aliénation mentale, a finalement le dernier mot, imposant silence et prostration à Mrs. Miller. Miriam relève de l'hallucination auditive et visuelle, et selon la définition qu'en donne la psychanalyse, elle marque « le retour d'un événement oublié des toutes premières années, de quelque chose que l'enfant a vu ou entendu à une époque où il savait à peine parler »[21]. L'histoire de Miriam illustre parfaitement le motif du *Doppelgänger*, « celui qui marche à côté, le

---

[20] Le mot désigne, dans le vocabulaire des procédés littéraires, une parole folle ou « blanche » qui s'emballe comme lors de délire ou de logorrhée, un flux de paroles irrésistible. L'on a pour exemple les scènes du théâtre de l'absurde de Ionesco : *La Cantatrice chauve* ou la fin de *La Leçon* du même auteur.

[21] Propos extraits de l'oeuvre collective de Catherine Azoulay, Catherine Chabert, Jean Gortais et Philippe Jeammet, *Processus de la schizophrénie*, Paris, Dunot, 2005.

compagnon de route ». « Ainsi se nomment les gens qui se voient eux-mêmes », explique J.-P. Richter[22]. Dans le cas de *Miriam*, il y a bel et bien une homonymie et une proximité de plus en plus prégnante qui font vaciller l'identité de Mrs. Miller. Outre cet effet de répétition du prénom et la présence du mot « mirer » dans l'étiquette du personnage, le patronyme Miller reprend la première syllabe du prénom Miriam et la consonne M commence et termine les deux morphèmes Miriam Millier, qui comportent chacun six lettres, la consonne M finale et initiale du prénom et du nom formant le centre du lexème Miriam Miller, comme s'il s'agissait de matérialiser la rencontre des doubles par l'introduction d'un réflecteur au milieu de l'expression identitaire du personnage. De même l'inversion de Miriam Miller en Miller Miriam donne de nouveau au M cette valeur itérative et signale la fermeture, le retour en boucle du signe. Il semble alors que Capote ait voulu exprimer l'irrésistible retour du même sous le masque d'un autre, ici d'une enfant fantasque et violente. Le M renvoie de toute évidence au moi (*me* en anglais), à l'ego problématique dont souffrent la plupart des personnages de Truman Capote, dont le vrai nom est Persons. Cette nouvelle, comme les autres, cachent au demeurant une part autobiographique.

Les conflits internes et psychiques signalent certains traumas dont souffrait l'auteur. Le biographe Gerald Clark avait révélé les fréquentes crises de violence impressionnantes qui traversait Truman enfant, à l'image de l'hystérie qui s'empare de la jeune Miriam, brisant un vase et piétinant les fleurs. Ces crises avaient été provoquées par l'attitude de ses parents qui l'abandonnaient souvent et qu'il attendait des heures, affalé sur son lit ou allongé par terre de son propre aveu : « chaque jour était un cauchemar car j'avais peur qu'ils me laissent tout seul dès la nuit tombée. J'éprouvais une intense frayeur d'être abandonné et je me souviens d'avoir pratiquement passé toute ma petite enfance dans un état chronique de peur et de détresse »[23]. Certaines phrases des personnages de *Miriam* rendent compte de ces conflits et de ce complexe d'*abandonnisme*. Mrs. Miller s'interroge sur les parents de la jeune Miriam, sur leur sens des responsabilités ou sur la folie d'une mère qui laisse sa fille dans la rue durant des nuits (« elle doit avoir complètement perdu la tête »). La petite fille Miriam peut alors endosser l'angoisse et la colère du jeune Truman délaissé par une mère volage et instable prénommée Lillie Mae, comme le précisent les données

---

[22] Fernandez-Bravo Nicole, article « Double », in : *Dictionnaire des mythes littéraires*, *op. cit.*

[23] *Truman Capote*, par Gerald Clark, qui a recueilli ses confessions.

biographiques et le témoignage du père de Truman, Arch, déchu plus tard de ses droits : « Lillie Mae semble avoir fait des efforts pour préserver leur union durant quelques mois après la naissance de Truman, mais elle finit par renoncer et d'autres hommes apparurent dans son existence. "Elle avait le béguin pour un type et tout de suite il fallait qu'elle couche avec lui, dit Arch. Elle voulait s'envoyer en l'air et ne se gênait pas. Au bout de trois semaines, elle en avait assez et elle était prête à repartir de zéro." Durant les sept années où ils restèrent mari et femme, Arch prétendait lui avoir connu vingt-neuf aventures. »[24] On ne peut que faire un rapprochement entre les deux étiquettes patronymiques, Miller Miriam et Lillie Mae partageant les mêmes lettres. Le tourment que vit Miriam Miller face à son double peut se lire comme une vengeance littéraire par laquelle Truman punit Lillie Mae de l'avoir autant fait souffrir. Mrs. Miller, alias Lillie Mae, se voit contrainte de regarder son reflet hideux, dans ce miroir-Miriam qui la mène à la folie et à une mort psychique. Aussi le R, qui n'apparaît pas dans le nom de sa mère, provient de celui du père, Arch Persons, à qui il restitue une force, un statut. Le R de Miriam et de Miller (redoublé) est la lettre du père raffermi par le fils Truman. Nous nous trouvons face à un conflit œdipien inversé où, loin de tuer le père, le fils le rétablit dans ses droits et sa puissance. Il exécute finalement une mère traîtresse et perverse dont il a dû, enfant, supporter les frasques, témoin souvent de ses ébats ou de scènes de violence sexuelle : « Un jour, elle a couché avec un type de Saint-Louis, relata Truman. Je n'avais que deux ans, guère plus, mais je m'en souviens clairement… Nous étions dans son appartement et j'étais couché sur un divan. Tout à coup, ils se sont violemment disputés. Il est allé ouvrir un placard, y a pris une cravate et a commencé à l'étrangler avec. Il s'est arrêté que parce que je devenais hystérique… »[25] On notera le choix du mot « hystérique » qui généralement concerne les manifestations d'une crise intrinsèquement féminine (hystérique/*utero*, « *tota mulier in utero* »[26]). Mais ce mot révèle bien l'une des composantes de la nature de Truman : son désir de changement de sexe qu'il narre dans une nouvelle intitulée *Éblouissement*[27]

---

[24] *Idem.*

[25] *Ibid.*

[26] Le mot s'est d'abord employé uniquement en parlant des femmes, au sens de « qui présente des troubles psychiques », parce qu'on pensait que cette maladie avait son siège dans l'utérus et qu'elle était liée à des accès d'érotisme morbide.

[27] Truman Capote raconte comment madame Ferguson lui avait fait miroiter la possibilité de devenir une fille contre un collier qu'il dût dérober chez lui. La nouvelle se termine de façon tragicomique : « Il faisait encore jour et c'était toujours dimanche, et je me retrouvai dans Garden District planté devant ma maison. Quelqu'un avait dû me ramener mais je ne

et que confirme son biographe Clark : « durant une grande partie de son enfance, jusqu'à ce qu'il eût neuf ou dix ans, il découvrit qu'il était si pénible et éprouvant d'être un garçon qu'il éprouva le réel désir d'être une fille. "Je n'avais pas le sentiment d'être prisonnier par erreur de mon corps. Je n'étais pas transsexuel. Il me semblait simplement que l'existence serait plus facile pour moi si j'étais une fille." » Miriam revêt par conséquent une fonction de cryptophore, de personnage porteur d'une « crypte », d'un secret, au point de devenir sur le plan extradiégétique le double de Truman Capote, bras vengeur d'un petit garçon trop tôt délaissé par la mère. Miriam renferme la sourde motivation de l'auteur face à ses propres démons, sa haine et son amour pour sa mère. Voilà pourquoi Miriam ne parle jamais de ses parents et élude les questions de Mrs. Miller. Ce sont ces silences qui cachent les véritables enjeux de la nouvelle : la souffrance de l'enfant Capote livré à lui-même et qu'il confie à un petit personnage féminin, mi-ange mi-démon, innocent et pervers. C'est cet innommable qui prend le nom de *Miriam*, de l'enfant Miriam dont le « bonjour », ultime paradoxe, clôt la nouvelle, tel le retour incessant d'un miroir reflétant le remords maternel : « Elle éclatait en sanglots, me prenait dans ses bras et me disait qu'elle ne me quitterait jamais. Une fois de plus, je me suis mis à hurler et mes souvenirs s'arrêtent là. »

---

sais pas qui, mon dernier souvenir était l'écho du rire de Mme Ferguson résonnant encore une fois. », in : *Music for Chameleons*, « Folio bilingue », p. 205.

L'Épervier sans tête : la naissance d'un double sous le signe de l'art pictural

L'on retrouve le même motif du lieu générateur de bile noire dans l'histoire de Vincent. Agent dans une galerie d'art, ce personnage complexe et schizophrène de *L'Épervier sans tête* vit à New York, ville où l'on se regarde guère, mais dans laquelle il a choisi d'habiter. Comme dans les précédentes nouvelles, le protagoniste vit seul dans un appartement au sous-sol d'un immeuble et rencontre une jeune fille aussi singulière que lui, étrange et inadaptée à la vie sociale. Presque sans amis, Vincent se réfugie parfois dans la remémoration d'un passé familial évoqué à travers des êtres disparus ou hors normes : « tous les êtres qu'il avait chéris avaient toujours en eux quelque chose d'anormal, de brisé… » (p. 58). Il est question de nombreuses liaisons, et les hommes et femmes qui défilent dans sa mémoire se voient brosser le portrait de manière humoristique et cynique : « Il se rappelait sa cousine Lucille, la pauvre, belle et stupide Lucille… Gordon aux cheveux blonds crépus, et la tête pleine de vieilles ballades… Était-ce vrai qu'il s'était suicidé d'un coup de revolver ? Et Connie Silver, la jeune fille sourde, celle qui voulait faire du théâtre – qu'était-elle devenue ? Et Helen, Louise, Laura ?… » (p. 68.) Sur un mode léger et à rebours, le narrateur inscrit une intertextualité médiévale qui rapprocherait Vincent de François Villon, l'auteur de *La Ballade des dames du temps jadis*. Cette litanie des relations d'antan est pourtant éloignée de la nostalgie de Villon. Si Vincent se rappelle ses liens passés, c'est surtout pour ne retenir qu'une figure, la seule à avoir été sans doute aimée. Vincent évoque sa mort et n'en dira pas plus : cette femme énigmatique et disparue dans des circonstances qui ne seront pas dévoilées pourrait livrer une des clés de sa bile noire. Le personnage de D. J., qui semble vivre la même maladie, pourrait bien être une émanation de cette nostalgie et n'avoir surgi que de l'imaginaire de Vincent.

1. Création de D. J.

L'espace new-yorkais n'apporte que peu de réconfort et demeure le lieu où l'on perd ses illusions plus qu'on ne retrouve son identité. Vincent, à l'affût de « quelqu'un » crée D. J. pour ne plus souffrir de solitude. Le *Doppelgänger* ne peut alors qu'être frappé de cette inquiétante étrangeté fantastique. L'écriture de Capote en fait une sorte de monstre ou de créature fantaisiste, sorti de fêtes foraines ou de cirques. D. J. ressemble à un mannequin-épouvantail relevant en fait d'un univers enfantin, et l'on comprend que l'imaginaire du protagoniste se teinte de cette nostalgie ludique quand il façonne ce double.

Le portrait de D. J. est en effet fabriqué de bric et de broc, à partir des images issues des goûts artistiques et enfantins de Vincent (probablement de son autoportrait d'adolescent) : « Elle fumait une cigarette et semblait fredonner un air. L'imperméable était transparent. Pieds nus dans une paire de sandales mexicaines, elle portait des pantalons de couleur sombre et une chemise d'homme blanche. Ses cheveux châtains étaient coupés comme ceux d'un garçon… Une frange lui recouvrait le front ; et cette coupe de cheveux de petit garçon augmentait le caractère enfantin et presque poétique de son visage étroit aux joues creuses. C'était la sorte de visage qu'on voit parfois sur les portraits d'adolescents du Moyen Âge »[28] (pp. 54-55). Cette dégaine d'enfant portant des vêtements adultes et masculins trop grands pourrait être une réminiscence d'une mode vestimentaire propre à Vincent dans le passé. Mais il pourrait aussi s'agir d'un mélange de souvenirs disparates, et concentrés dans ce double né du psychisme du jeune homme malade.

De quelle maladie Vincent souffre-t-il si ce n'est de la recherche de l'autre, de cet autre porteur d'une enfance traumatique. Mais qui est cet autre ? Ou cette autre qu'incarne D. J. ? Un dialogue entre cette créature mi-féminine mi-masculine apparaît tout à fait significatif – un échange où s'affrontent « l'autre » et « les autres » :

> « — Que sont devenus les autres ?
> — Quels autres ?
> — Les autres auxquelles vous avez dit cela ?

---

[28] Cette précision fonctionne comme un effet d'annonce de la dimension picturale du personnage de D. J., auteur d'une toile surréaliste et néobaroque qui fascinera Vincent. Le titre *L'Épervier sans tête* renvoie directement à ce tableau qui résume le mal psychique dont souffre le protagoniste.

De nouveau la pluie éclaboussait de gris la fenêtre, tombait sur les rues silencieuses du dimanche ; Vincent, en écoutant, se rappelait…

Il n'y en a eu qu'une, dit-il, et à ses propres oreilles cela sonnait vraiment très juste. Une seule et elle est morte. » (p. 68).

À la révélation de cette « autre » morte, D. J. réagit tendrement (elle lui touche la joue) et ne l'interroge pas davantage. Mais elle poursuivra pour ainsi dire le discours de Vincent en évoquant aussitôt un crime perpétré contre une certaine « Miss Hall » dont pourtant Vincent n'avait pas mentionné le nom. L'on comprend alors que D. J., cette fille aux cheveux courts qui ressemble à un garçon et qui, surgie de nulle part, partage la vie de Vincent, n'est autre que lui-même, son double plus jeune et sans doute à l'époque où il fréquentait Miss Hall. L'écriture met en place dans les dialogues et dans l'énonciation une ambiguïté telle qu'il n'est plus possible pour le lecteur de croire que D. J. puisse être un personnage indépendant et extérieur à Vincent. Leur cohabitation devient la métaphore, et de fait la catachrèse (l'actualisation concrète d'une image) du dédoublement de personnalité que vit Vincent, atteint de mélancolie, sans doute en raison du manque de cet amour de jeunesse. Voici ce passage qui illustre parfaitement ce continuum entre la vie de Vincent et celle de D. J. : les considérations de l'un contaminent la pensée de l'autre, et les souvenirs des deux personnages s'entremêlent. D. J. parle pour Vincent. Elle devient l'instrument d'une profération de la douleur, celle précisément qui étouffe Vincent au point qu'il ne lui restait plus qu'à accoucher de lui-même et donner naissance à cette autre, la face féminine ou androgyne[29] de son moi :

« Il n'y en a eu qu'une, dit-il, et à ses propres oreilles cela sonnait vraiment juste. Une seule, et elle est morte. Tendrement, comme un geste de sympathie, elle lui toucha la joue.

— C'est lui sans doute qui l'a tuée, dit-elle, les yeux si près des siens qu'il pouvait voir les traits de son visage prisonniers de leur couleur verte. C'est lui qui a tué Miss Hall. La meilleure femme qui fût au monde, Miss Hall, et si jolie qu'à la voir on avait la respiration coupée. Elle me donnait des leçons de piano, et quand elle jouait, quand elle disait bonjour, quand elle disait adieu… Je croyais que mon cœur allait cesser de battre.

---

[29] Platon a rappelé le mythe de l'androgyne dans *Le Banquet* (189e) : « En ce temps-là l'androgyne était un genre distinct et qui, pour la forme comme pour le nom, tenait des deux autres, à la fois du mâle et de la femelle… L'androgyne est souvent représenté comme un être double possédant à la fois les attributs des deux sexes, encore unis et sur le point de se séparer. » Chevalier Jean et Gheerbrant Alain, *Dictionnaire des symboles*.

Elle parlait maintenant d'une voix impersonnelle, comme s'il s'agissait de choses d'un autre âge qui ne la touchaient pas directement… Elle enfouit sa tête dans l'oreiller, et si elle pleura, ce fut sans faire le moindre bruit. » (p. 69.)

Cet extrait retient notre attention à plusieurs titres concernant le processus de la mélancolie propre aux personnages de Truman Capote, et en particulier pour ce motif de la *déliaison* familiale, conjugale ou amoureuse qui les caractérise.

Cet échange signale une sorte de continuum de l'espace-temps entre les deux personnages. Au début de la nouvelle, les circonstances de la rencontre tendent à faire croire au lecteur que Vincent Waters et D. J. sont deux personnages distincts, c'est-à-dire dotés d'une autonomie diégétique. Vincent découvre cette jeune fille aux allures de garçon dans la rue, au sortir de la galerie d'art où il travaille, et semble la suivre ou capter ses mouvements : « Il cherchait quelqu'un, dévisageait tous les passants, et brusquement il l'aperçut. Elle était là, debout, dans un imperméable vert, au coin de la 57e Rue et de la 3e Avenue. Elle fumait une cigarette et semblait fredonner un air » (p. 54). Pourtant, il ne l'aborde pas directement et toute la scène s'évertue à détourner les codes d'une scène de rencontre habituelle. Tantôt il la suit, tantôt elle se trouve proche de lui quand, par exemple, elle lui tend un briquet au moment où il met « une Old Gold entre ses lèvres » tout en cherchant une allumette. Les deux personnages donnent l'impression d'avoir rendez-vous sans s'être parlé au préalable. Un accord tacite, une communication invisible paraissent s'être instaurés à l'insu de tous. Durant le trajet, ils ne s'adresseront pas la parole, alors que des passants tenteront de lier conversation avec l'un ou l'autre. Ainsi, un homme en « complet violet » prendra le coude de D. J. au moment où elle risquera de se faire renverser. De même, « un nain barbu, Ruby, le marchand de maïs grillé », fera une remarque à Vincent et confirmera par là même la présence de D. J. : « Vous voyez ? dit-il en poussant sa pelle à l'intérieur de la cage illuminée[30] où les grains de maïs éclataient, dansant comme des papillons fous, vous voyez, la petite dame, elle sait bien que le maïs, c'est nourrissant. » (p. 56.) Il faut attendre l'arrivée de Vincent chez lui pour

---

[30] Ce détail se retrouvera dans le tableau de D. J. : une jeune fille décapitée tient dans une main une toute petite cage dorée. Truman Capote redistribue dans cette nouvelle des fragments de peinture du courant surréaliste, comme l'homme à la cage dont la partie supérieure du corps est entièrement remplacée par une cage à moitié recouverte d'une toile. La cage, au demeurant, fait écho à celle de Mrs. Miller, où est enfermé un canari que la petite Miriam réveille et fait chanter.

qu'enfin les deux personnages échangent leurs premières paroles. D. J. souhaite vendre un étrange tableau à Vincent. Toutes ces indications entretiennent l'illusion de deux créatures distinctes et d'une rencontre avec une jeune fille venue de la Nouvelle-Orléans, égarée à New York, et cherchant à gagner quelques dollars en vendant une de ses peintures. C'est l'une des motivations de son intérêt pour Vincent dont le métier est d'acheter des peintures pour le compte de Mr. Garland[31]. L'incipit de la nouvelle laisse en outre entendre que Vincent avait remarqué depuis un certain nombre de jours la présence insistante de cette jeune fille. Certaines phrases relèvent de l'analepse et signalent le caractère itératif de l'événement.

« Il cherchait quelqu'un, dévisageait tous les passants, et brusquement il l'aperçut » : cet énoncé présuppose que Vincent avait vu D. J. avant ce moment où il sort de sa galerie pour rentrer chez lui. Il recherche une personne « déjà vue », même si l'écriture ne précise ni de quelle époque il s'agit, ni dans quel lieu il l'a rencontrée pour la première fois. S'agit-il d'un passé lointain ou immédiat ? Qui est cette personne désignée par un « l' », pronom nullement sollicité pour sa fonction anaphorique (le nom devant être cité avant le pronom), mais pour la cataphore que le narrateur précisera plus loin en décrivant très précisément le personnage que Vincent recherchait. En d'autres termes, l'histoire de Vincent commence sur un amont énigmatique que l'écriture tentera de définir sans pour autant y parvenir, le but de Capote étant plutôt d'épaissir le mystère de cette reconnaissance entre Vincent et son passé qu'incarne cette jeune fille

---

[31] « Garland » peut se décomposer en gare (mot français) et *land* (mot anglais) : les noms propres revêtent toujours chez Capote une symbolique liée au cheminement intérieur des personnages. Ainsi, c'est l'espace qui pose problème pour Vincent, comme si les lieux possédaient d'autres significations et qu'il les décryptait autrement : la gare (comme le quai pour Kay de *L'Arbre de nuit*), le pays lui-même (*the land*, la campagne), et plus tard, le nom de Miss Hall apparaîtra relié à la gare contenue dans Garland. Vincent parcourt un espace surréaliste et douloureux qui le renvoie à sa profonde solitude. L'on pense à la déambulation du protagoniste de *Nadja*, lui aussi persuadé que les rues et les boulevards de Paris recèlent un secret touchant de près à Nadja, qui le conduiraient vers l'amour fou, selon la théorie du hasard objectif. Aussi ne peut-on que faire un rapprochement onomastique entre Nadja et D. J., D. J. reprenant les consonnes de Nadja, comme sa forme contractée et centrale tout à la fois. D. J. et Nadja hantent les deux personnages comme André Breton l'exprime dès l'incipit : « Qui suis-je ? Si par exception je m'en rapportais à un adage : en effet pourquoi tout ne reviendrait-il pas à savoir qui je "hante" ? Je dois avouer que ce dernier mot m'égare, tendant à établir entre certains êtres et moi des rapports plus singuliers, moins évitables, plus troublants que je ne pensais. Il dit beaucoup plus qu'il ne veut dire, il me fait jouer de mon vivant le rôle d'un fantôme, évidemment il fait allusion à ce qu'il a fallu que je cessasse d'être pour être qui je suis. » (*Nadja*, « Folio plus », p. 11).

éphèbe, enfantine et inquiétante. La rencontre se place donc sous le signe d'une recherche de lien, mais dont le fil se détendrait et se relâcherait à l'infini[32].

C'est que le passé de Vincent pose problème et D. J., une fois installée dans l'appartement de Vincent, comme une sorte de double, fera émerger des zones d'ombre. L'histoire de D. J. et celle de Vincent renferment un seul regret : la nostalgie d'une personne aimée et disparue. La seule qui ait réellement compté dans la vie de D. J./Vincent semble être la même : Miss Hall, dont le patronyme ne cessera de figurer, comme une ombre portée ou des éclats de verre disséminés çà et là, dans l'histoire décousue de Vincent. Quand Vincent ne prononcera pas le nom de cette femme morte, maintenue dans ses souvenirs entre toutes les autres, D. J. poursuivra son discours en livrant enfin des éléments sur cette « Miss Hall », sa professeur de piano aimée et tuée par un « lui » que D. J. identifiera comme étant Mr. Destronelli. La jeune fille rappelle ce trauma de l'enfance ou de l'adolescence de Vincent. Elle n'apparaît dans son existence et lors de ses délires que pour nommer, à sa place, ceux qui ont provoqué son angoisse indicible. L'on comprend cette fonction d'identification du mal dont souffre Vincent par D. J. lors de dialogues au cours desquels Vincent feint d'ignorer leurs noms. Il se souvient de tous les autres, excepté ceux-là mêmes qui génèrent ce profond malaise psychique qui le coupe des autres. Il s'agit bien d'un défaut de nom, d'une impossibilité à nommer, à dire qui l'on est et ce que l'on souffre, l'objet de la douleur et le sujet de cette souffrance :

> « — Et D. J., qu'est-ce que cela est supposé signifier ?
> — Il vaut mieux, je crois, que je vous dise mon nom, dit-elle. Je pourrais facilement en inventer un : Dorothy Jordan, Delilah Johnson, vous voyez ? Je pourrais inventer des tas de noms, mais à cause de lui, je ne peux pas vous dire le vrai.
> Vincent posa le plateau par terre. Il se coucha sur le côté et, face à elle, son cœur battit plus vite.
> — Qui est lui ?
> Bien qu'elle eût l'air très calme, elle dit d'une voix troublée par la colère :
> — Si vous ne le connaissez pas, dites-moi alors pourquoi je suis ici. » (p. 68.)

---

[32] Reprenant le motif de l'androgyne, D. J. évoquera un film d'Hitchcock en ces termes lorsqu'ils seront l'un et l'autre liés et comme soudés par une forme de reconnaissance : « Des menottes, dit-elle, faisant allusion à un incident dans le film *The Thirty-Nine Steps* qu'ils avaient vu au Beverly où l'on donnait tout un programme de films d'Hitchcock. Cette femme blonde et l'homme attachés ensemble par des menottes… Oh ! cela m'a fait penser à autre chose. » (p. 71.)

Ce sont les rares échanges entre D. J. et Vincent qui permettent de saisir, à travers les bribes de leur parcours et une écriture fragmentée, les enjeux de cette relation. Dans l'extrait ci-dessus, nous retrouvons à travers ce court dialogue et les silences de Vincent une scène quasi œdipienne de recherche d'identité. Vincent semble interroger le sphinx D. J. aux yeux verts sur ce « lui » : « qui est lui ? » s'assimile à un « qui est je ? », ou à « qui est ce je poursuivi par cette nostalgie qui scinde Vincent en une partie clairement adulte et masculine, et une autre hybride, à mi-chemin entre le petit garçon et la jeune fille ? » C'est cette identité faillée par un événement innommable que Vincent quête en « cherchant » un visage au milieu de la foule anonyme. En reconnaissant D. J. comme un visage « déjà vu », c'est encore sous les traits d'une ou d'un autre qu'il se voit. Les portraits successifs de D. J. varient d'une page à l'autre en fonction de l'humeur de Vincent et de ses crises psychiques :

- la première apparition l'apparente à un garçon : « cette coupe de cheveux de petit garçon augmentait le caractère enfantin et presque poétique de son visage étroit aux joues creuses. C'était la sorte de visage qu'on voit parfois sur les portraits d'adolescents du Moyen Âge » ;

- la deuxième apparition déréalise le personnage en le plaçant, au crépuscule, dans un des *cabs* traînés par un cocher en face de l'hôtel Plaza : « C'était une jeune fille aux cheveux châtains coupés court » ;

- la troisième accentue la métamorphose : D. J. observe un spectacle de danse et semble rêver debout. Elle apparaît à Vincent plus mince, plus jolie, les « cheveux un peu plus longs retombaient en désordre. D'une mèche égarée pendait tristement un petit ruban argenté » ;

- Enfin, une fois chez lui, D. J. dévoile des formes nettement plus féminines : « Il y avait maintenant en elle quelque chose d'attirant, de très doux. Elle semblait avoir perdu ses angles, s'être rapprochée de la normale, et Vincent, en lui offrant un verre de Xérès, fut charmé de l'élégance avec laquelle elle le porta à ses lèvres. »

On en vient alors à s'interroger sur l'existence d'un ou de plusieurs personnages féminins dans la vie de Vincent. Il ne serait pas absurde de concevoir l'hypothèse selon laquelle Vincent fait surgir de son imaginaire des femmes ou des jeunes filles à partir d'un seul souvenir, celui de l'unique aimée et dont il n'a pas fait le deuil. D. J. ne serait alors qu'une personne ou personnage-valise porteur des attributs d'une même femme ou jeune fille inoubliable et liée à l'enfance ou à l'adolescence de Vincent. Si D. J. apparaît au coin d'une rue ou d'une boutique, c'est que Vincent, plongé dans le manque insupportable de ce passé révolu, produit, à partir de son psychisme en crise schizophrénique, l'image de cette personne morte, en prenant le réel environnant comme support. Mais il est fort probable que Vincent est seul à voir surgir cette personne à travers une D. J. dont l'apparence évolue tout en conservant les principaux caractères de la femme aimée jadis, notamment cette couleur verte récurrente, présente dans la tenue vestimentaire de D. J.…

La jeune fille pourrait donc apparaître comme une face de lui-même, mais à une époque précise de sa vie. Elle deviendrait une figure nostalgique de Vincent, incarnerait le retour d'un passé douloureux, refoulé et angoissant dès lors que Vincent se refuse encore à le voir pleinement. Il ne peut que se relier à D. J. tout en se déliant, en évitant de se retrouver non seulement avec les autres – en particulier sa sœur et son beau-frère qu'il fuit – mais avec lui-même.

2. Les mythes d'Œdipe et de l'androgyne : une unité et une identité retrouvées ?

Tous les personnages de Capote, du moins dans le corpus qui nous intéresse, ne supportent pas leur entourage et souhaitent échapper à toute forme de convivialité. Dans *L'Épervier sans tête*, comme ce sera le cas dans *Monsieur Maléfique*, Vincent manifeste de l'agressivité à l'égard de ses proches, en particulier quand il est question d'amour ou de bonheur conjugal. Ce sont ces motifs qui déclenchent une crise de colère ou la fuite du protagoniste :

> « Vers le milieu d'avril, il alla passer une fin de semaine chez sa sœur mariée dans le Connecticut. Sarcastique, les nerfs tendus, il n'était pas lui-même et sa sœur s'en plaignit :
>
> — Qu'est-ce que tu as, mon petit Vinny ?… Si tu as besoin d'argent…
>
> — Oh, assez ! dit-il.
>
> — Il doit être amoureux, dit le beau-frère. Allons, Vinny, confesse-toi. Comment est-elle ?
>
> Et tout cela l'exaspéra tellement qu'il repartit par le premier train. Il voulut téléphoner de la gare pour s'excuser, mais une nervosité maladive le faisait vibrer tout entier… » (p. 62.)

L'infantilisation de Vincent (« mon petit Vinny »), incapable de se prendre en charge affectivement et économiquement, accentue la faiblesse du personnage à ses propres yeux. Vincent, au sein de sa famille, n'est pas traité en adulte, mais comme un adolescent encore faible et tributaire de l'aide d'une grande sœur, figure maternelle seconde, et d'un beau-frère, figure double d'un père ou d'une autorité morale religieuse (« confesse-toi »), suscitant un sentiment de culpabilité. Ce qui explique la volte-face de Vincent. L'écriture livre ici une des clés du malaise profond du personnage schizophrène. Deux expressions déclenchent le brusque départ de Vincent : « amoureux » et « confesse-toi ». Cette phrase trouvera un écho à la page 71. Le personnage multiplie les séances de cinéma et y trouve comme un réconfort : « car devant ces images changeantes, blanches et noires, il éprouvait le soulagement que doit éprouver l'homme qui confesse ses fautes à son père. »[33] Il est de plus en plus évident que la relation amoureuse et, plus nettement, la nature du rapport à l'amour (l'Éros) posent problème et ouvre comme une crypte chez Vincent. Face aux questions de D. J. sur ces « autres », Vincent n'avouera qu'une seule qui ait vraiment compté dans sa vie. Nous l'avons vu, à propos de Miss Hall. Mais si nous nous penchons sur cette femme morte et si présente dans la mémoire de Vincent, nous découvrons que ce personnage féminin est un amour d'adolescent, voire d'enfance, et que Miss Hall, ayant épousé un homme mûr, pourrait bien apparaître comme la figure maternelle désirée en secret, le voile incestueux d'un conflit œdipien qui ne dit pas son nom. Sa disparition (elle est morte, « il » l'a tuée) est énigmatique. Rien ne vient confirmer le crime perpétré contre Miss Hall et, du reste, ce « lui » anonyme ne possède aucun référent solide et change d'identité dans le discours de D. J. (Mr. Destronelli ou Mr. Gum). Vincent et D. J. ne faisant qu'un, comme nous l'avons montré plus haut, ils dévoilent leur amour pour une mère réelle (l'épouse du père) ou métaphorique (celle rêvée, l'image idéale de la mère, professeur de piano, qui devient l'épouse d'un autre). Voilà pourquoi Destronelli laisse entendre d'un point de vue textanalytique[34] le début du verbe « détruire » (*destroy*) et

---

[33] L'on saura, par la biographie que Gerald Clark consacre à Truman Capote, à quel point le cinéma est le lieu où tout s'est joué dans la première période de la vie de l'auteur. C'est pendant des séances de cinéma qu'il fut victime des agissements d'un professeur pédophile. La salle obscure est devenue l'espace de la faute, du non-dit et du honteux.

[34] Selon la théorie de Jean Bellemin-Noël, présentée dans *Essais de textanalyse*, aux Presses Universitaires de Lille : « C'est installer des passerelles, établir des connexions. Cela a pour effet de mettre bout à bout des segments, ces lignes, visiblement destinés à se succéder. Cela revient à instaurer du désordre là où régnait un ordre peut-être trop parfait, une ordonnance surfaite, suspecte. Ainsi procède au demeurant le psychanalyste au cours de la

l'adjectif *lonely* (voire *only*) : « -onelli » s'entend ainsi avec l'apocope du L initial, consonne qui symbolise justement la disparition de ce « elle » (L), la destruction de ce premier amour par un rival. Les mots dans leurs consonances et distorsions syllabiques signalent justement cette difficulté, pour Vincent/D. J., à dire ce mal intérieur : la nostalgie pour cet amour non vécu ou plutôt, dirions-nous, interne, nourri de l'intérieur et de biais. Vincent est homosexuel et a probablement été amoureux d'une femme mûre faisant fonction de mère, et par conséquent endossant cet objet d'amour primordial qu'est la génitrice, au stade pré-œdipien, attachement qui concerne, selon l'optique kleinienne[35], le garçon comme la fille. Cet interdit (le désir pour la mère) ressurgit dans l'existence de Vincent à un moment critique de son parcours, quand il nourrit un puissant sentiment d'infériorité C'est au cœur de la solitude et accablé par l'impression d'avoir raté sa propre vie que Vincent crée D. J., un double plus jeune, aux allures de petit garçon, de l'âge où il fréquentait Miss Hall. Destronelli et Gum disent, dans cet inconscient textuel, à la fois l'isolement ou la déréliction, et la destruction d'une identité contenue dans les initiales D (*destroy*) et J (le je dans D. J.), équivalent français du *I* anglais. De même, Gum (« gomme ») redouble cette idée d'effacement des origines, processus mélancolique : le bilieux Vincent se noie dans la foule new-yorkaise pour s'abîmer en quelque sorte dans un passé qu'il sait révolu. Se projetant dans ce qui n'est plus, Vincent organise sa propre déliquescence : n'étant plus dans cet espace idyllique enfantin où désirer Miss Hall est délicieux, il ne peut vivre cette expérience qu'en abolissant son présent, tout en ayant conscience que ce passé est désormais inaccessible, puisque mort. C'est dans cet interstice que Vincent vit son délire schizophrénique, entre ce qui n'est plus et ce qu'il ne veut plus être présentement. Cette fuite de l'actualisation ou de l'événementiel quotidien (sa vie ratée à New York) l'amène à fuir dans cette

---

cure, quand il écoute de manière flottante ce qui se raconte sur le divan, quand il réorganise pour un sens inédit ce qu'il a entendu autrement. En somme, traverser les lignes au lieu de les accompagner, aux fins d'avérer une entente de biais ; là réside la chance d'une lecture de transgression, qui mette parfois le pied sur le nid de fourmis d'une vérité. » (p. 12.)

[35] « L'inconscient freudien est structuré par le désir et le refoulement ; Mélanie Klein, elle, insiste sur la douleur psychique du nouveau-né, sur le clivage, et sur sa capacité précoce de sublimation plus ou moins entravée. La pulsion freudienne a une source et un but, mais pas d'objet ; les pulsions du nouveau-né kleinien sont d'emblée dirigées vers l'objet (le sein, la mère) : l'autre est toujours déjà-là et les drames de ce lien précoce qui se joue entre l'objet et un moi avec son surmoi tout aussi précoce, d'un Œdipe précocissime, se déploient avec l'horreur et la sublimité d'un Jérôme Bosch. » Kristeva Julia, *Le Génie féminin, tome II : Mélanie Klein*, Fayard, p. 20.

relation imaginaire avec D. J., qui n'est pas « un autre » mais l'autre lui-même, sa part narcissique (l'époque rêvée de l'enfance à la Nouvelle-Orléans). C'est par le tableau de D. J. que Vincent reconnaît son dégoût du présent et dresse un bilan négatif sur son cheminement adulte : « Il était, disait-il, un poète qui n'avait jamais écrit de poèmes, un peintre qui n'avait jamais peint et un amant qui n'avait jamais aimé (absolument) quelqu'un, en somme, sans direction, sans tête lui non plus. Oh ! ce n'était pas faute d'avoir essayé – toujours de beaux débuts et toujours des fins lamentables. Vincent, race blanche, sexe masculin, âge trente-six ans, diplômé d'université ; homme à la mer à cinquante milles du rivage ; victime née pour être assassinée, soit par lui-même, soit par autrui ; acteur sans emploi. » (p. 61.) Le tableau de *L'Épervier sans tête* offert par D. J. lui renvoie un autoportrait réalisé sans complaisance et d'une cruelle lucidité. Vincent avait manqué l'essentiel et cette béance réapparaît maintenant dans cette vie qu'il croyait rigoureuse et normale. D. J. est une sorte de révélateur selon la métaphore photographique et elle passe par l'image (ou le négatif), pour que Vincent accepte enfin de se voir. Le narrateur ne cesse par ailleurs de montrer Vincent plongé dans la contemplation ou la fascination de lui-même. Ce sont ces moments où Vincent et D. J. se trouvent très proches l'un de l'autre au point de se confondre. Le visage de D. J. fonctionne un peu comme un miroir placé au plus près du visage de Vincent : « Les yeux si près des siens qu'il pouvait voir les traits de son visage prisonniers de leur couleur verte » (p. 68) ; « Au-dessus d'un sein, elle avait une petite tache en forme d'étoile. Il regarda le miroir où la lumière incertaine faisait mouvoir leur image, les rendait pâles et incomplets. » (p. 66.) Tout se passe comme si le miroir permettait aux deux personnages de former à nouveau ce couple mythique androgyne que Zeus, selon la légende, a coupé en deux et a rendu incomplet l'un sans l'autre. Le regard vers le miroir offre à Vincent l'image fugace de son unité retrouvée. On est donc amené à dire que la présence de D. J. n'est pas le signe de la scission de Vincent, mais qu'elle lui apporte au contraire la possibilité de retrouvailles avec soi, par son double aspect fille-garçon, son allure d'éphèbe. Mais en la rejetant dans un premier temps, fuyant la possibilité d'une guérison, Vincent rechute dans son délire psychique car D. J. n'est plus visible, de nouveau effacée par cette nostalgie insurmontable : la perte de l'objet d'amour primordial, Miss Hall[36].

---

[36] Hall/*all* : celle qui fut tout. L'expression d'un désir de totalité, de fusion intégrale avec la mère, avant le clivage.

3. Miss Hall/Glass Hill

Comme dans les nouvelles précédentes, nous découvrons dans *L'Épervier sans tête* une onomastique riche et complexe, reflet des tourments psychiques du personnage.

Concernant Miss Hall, Hall s'entend *all*, comme le signifiant sonore du « tout » que Vincent a perdu, le paradis originel. Ce lieu tant convoité par l'esprit insatisfait de Vincent est cette ville du sud (que D. J. a peur de nommer au début de leur relation) où il connut Miss Hall avant de renoncer à cet amour et de vivre à New York, ville de la fausse renaissance, qui ne peut signifier un réel départ pour Vincent, irrémédiablement attaché au sud. Mais les souvenirs enfouis ressurgissent à travers une sorte de tissu sonore audible dans une toponymie signifiante : « Ce chandelier me rappelle Glass Hill, dit-elle avec un sourire. Ma grand-mère habitait Glass Hill. Nous nous amusions bien quelquefois. Savez-vous ce qu'elle disait ? Elle disait : “Les bougies sont des baguettes magiques : on en allume une et l'univers devient un conte de fées !” » (p. 65.) Glass Hill contient l'étiquette patronymique inversée et paronymique de Miss Hall dont il sera question plus tard. Le nom encore imprononçable, traduisant l'innommable, affleure à la conscience des personnages, mais sous le masque d'un désordre des lettres. Ce mot exprime les efforts que tente D. J., comme à travers un jeu de piste, afin d'amener Vincent à dire et à désigner clairement son mal. L'expression « Glass Hill » appartient à cet espace de l'enfance traumatique et porte aussi certaines connotations symboliques : Vincent s'appelle Waters, et le mot *glass* relève du double signifié « verre » et « eau », la métonymie du contenant et du contenu d'un souvenir dont la nature est d'être à la fois présente mentalement et absente du réel. L'image serait, pour ainsi dire, visible derrière un paravent, tantôt transparente, tantôt opaque aux yeux d'un personnage maniaco-dépressif. *Ill* ou *hill* désigne la colline, le monticule ou la butte (des obstacles à franchir), ainsi que le mal, le mauvais et la maladie. Il s'agit bien pour Vincent de devenir conscient de cette maladie que l'écriture révélera vers la fin de la nouvelle sous la forme d'une fièvre délirante : « La fièvre peut faire passer le temps si vite, et pendant un instant, il eut l'impression que ses os flottaient à l'intérieur de son corps ». C'est dans les dernières pages que l'espace se métamorphose à travers les hallucinations de Vincent, et que sa chambre se trouve soudainement envahie de papillons[37]. Le mot *glass*, par sa polysémie, définit le mieux le

---

[37] Ces papillons avaient été évoqués dès les premières pages, au moment où D. J. manifestait sa présence en achetant du maïs. Capote avait employé cette métaphore pour

mal psychique de Vincent et surtout la façon dont il cherche à le dénier ou à l'éviter en biaisant ou en le projetant sur son autre, cet éphèbe D. J. qui passe pour folle.

Glass offre d'abord le champ lexical lié à la verrerie, qu'il s'agisse du verre (en tant que récipient) ou de la vitre. Dans cette première perspective, nous comprenons que ce terme laisse entendre (au sens premier et concret de l'ouïe puisqu'il s'agit d'un jeu sonore) le caractère ambivalent du verre qui retient ou empêche (une vitre reste un obstacle, voire une protection), et qui filtre des images et de la lumière. « Glass Hill » symbolise alors une possible fenêtre entrouverte sur le passé, un tamis derrière lequel s'abrite Vincent. Le second champ est lié à la vision : *glass* désigne le monocle ou, au pluriel, les lunettes, ainsi que le miroir. Nous revenons par conséquent à la thématique de la vue puisque nous nous trouvons dans un contexte de folie de type schizoïde, accompagnée de phénomènes hallucinatoires visuels et auditifs, D. J. étant un être créé de toutes pièces par le psychisme malade de Vincent. « Glass Hill » pourrait alors se lire comme la désignation allégorique de la maladie du personnage, à la fois par son identification et par son lieu d'origine (la Nouvelle-Orléans, la famille, le sud). D'un point de vue textanalytique, *glass hill* s'entend encore comme la traduction de « miroir malade » (l'on pense au miroir qui revient de Robbe-Grillet), qui reflète un problème d'identité, une perte de soi et un déni du moi. Vincent traverse une grave crise affectant sa perception du monde et de lui-même au sein de la société. La première page de la nouvelle en dit long sur ce défaut à se mouvoir et à se sentir agir. Vincent ne s'aperçoit pas qu'il a laissé échapper une pièce de cinq cents : « Cela lui arrivait souvent depuis quelque temps. Il ne parvenait jamais à établir complètement le contact, incertain si le pas qu'il faisait le ferait avancer, reculer, monter ou descendre. » (p. 54.) Le malaise des personnages semble contaminer l'écriture qui rejoint alors l'esthétique du fantastique, fondée sur la déréalisation et la défamiliarisation du quotidien. Truman Capote trouble la propre vision du lecteur qui s'interroge : de D. J. et de Vincent, lequel relève de la réalité diégétique ? D. J. sortie d'un asile de fous et soignée par le docteur Destronelli ? Ou Vincent agent dans une galerie d'art ? Une scène au début du récit sème la confusion dans notre esprit. D. J. suit Vincent et traverse la rue

---

décrire le geste du marchand : « En poussant sa petite pelle à l'intérieur de la cage illuminée où les grains de maïs éclataient, dansant comme des papillons fous… » N'est-ce pas le signe d'un geste quasi chirurgical du médecin psychiatre trépanant Vincent symboliquement ?

imprudemment. Des voitures freinent, un conducteur la rudoie et un piéton tente de l'aider. D. J. est donc vue par des tiers, alors que Vincent disparaît de la narration, comme si D. J. suivait un fantôme. Nul ne voit Vincent qui est pourtant fixé par D. J.… Cette évocation trouble notre perception du réel narré car, jusqu'à présent, le protagoniste était Vincent et c'est à partir de sa vision qu'est apparue D. J. De plus, l'alternance des passages concernant D. J. et Vincent, tour à tour suivis par le narrateur comme en parallèle ou en montage alterné, accentue cette ambiguïté ; les deux personnages ont tendance à annuler réciproquement leur existence :

> « — Vous êtes malade, Miss ? dit-il en la guidant.
> Elle ne répondit.
> — Vous avez l'air tout drôle, Miss. Si vous êtes malade, je…
> Puis, suivant la direction de ses yeux, il lui lâcha le bras : il y avait là quelque chose qui lui pétrifiait l'intérieur.
> — Oh… Je vois, murmura-t-il.
> Et il s'effaça avec un grand sourire de ses dents jaunes.
> Alors Vincent se mit réellement à marcher. » (p. 55.)

Le piéton voit D. J., mais l'écriture ne précise pas ce qui le glace d'horreur (le pétrifie). Que voit-il pour s'effacer en abandonnant D. J. à sa déambulation ? Selon l'optique réaliste et une lecture purement clinique du texte, on peut émettre l'hypothèse selon laquelle l'homme lâche le bras de D. J. s'apercevant qu'il se trouve en présence d'une aliénée, au comportement inquiétant, fixant le vide. La folie effraie la société et suscite la prise de distance. L'on s'écarte spontanément d'un fou. Mais si l'on use de la grille fantastique, on peut supposer que ce piéton voit aussi ce que regarde D. J. et déduire que cette vision l'horrifie. Reste à déterminer ce que voient ces deux personnages. Vincent revêtirait une forme repoussante qui déclenche la fuite ou la fascination. L'identité même de Vincent devient alors un problème pour le lecteur. Qui est-il pour être poursuivi par D. J. et provoquer un haut-le-cœur chez un *quidam* qui soudain le voit en suivant le regard de D. J. ? Nous sommes, conformément à la veine du genre fantastique, au cœur du topos du monstre ou de la « chose » indéfinissable, qui multiplie les interrogations d'un lecteur auxquelles l'écriture n'apportera aucune réponse.

La fin de la nouvelle ne lèvera pas l'ambiguïté sur ce protagoniste que semble pourtant connaître le narrateur par le constant emploi de la focalisation interne de Vincent. Mais il semble toutefois que l'expression « Glass Hill » comme possible identification de la maladie du jeune homme trouve un début de résolution dans cette métaphore filée et finale d'une

« glace qui se brise ». Les mots attachés au champ lexical de l'eau (les noms de Vincent, de Miss Hall et de Glass Hill) se concentrent dans cet explicit, comme si le passé douloureux avait réussi à se faufiler à travers les brisures d'un miroir : « Alors, lentement, à pas traînants, elle vint se placer sous le réverbère, près de lui, et on aurait dit que le ciel était un miroir que le tonnerre avait brisé, car la pluie qui tombait à verse tendait entre eux comme un rideau d'éclats de verre pulvérisé » (p. 80). En adoptant la technique de l'écoute de l'inconscient textuel selon la méthode de Bellemin-Noël, on entend par *hall* et *glass* (les deux mots « porte-valise ») que toutes les glaces sont rompues et qu'enfin Vincent et D. J. se réunissent et se voient comme les reflets d'une même personne. Même si le texte de Capote s'achève sur l'image d'un orage et de violents éclats, il ne s'agit pas de l'expression d'une identité « éclatée » ou détruite, mais bien d'un moi retrouvé au-delà de ces débris de verre, un miroir traversé par D. J. qui rejoint un Vincent se laissant enfin atteindre.

4. Hypothèse autobiographique et lecture picturale

Truman Capote suit un personnage en quête de son identité éclatée. Le vrai Vincent semble enfin émerger de cette rencontre avec ce double dont le patronyme D. J. renferme le secret du jeune homme, à savoir sa nature homosexuelle, voire androgyne longtemps refoulée.

Mais à l'image de ce « rideau de verre pulvérisé » qui clôt la nouvelle *L'Épervier sans tête*, les multiples éclats du miroir fonctionnent encore comme la métaphore du moi d'un auteur-narrateur fragmenté et qui se révèle au fil d'une écriture en clair-obscur. Ce récit comporte aussi des détails autobiographiques qui nous amènent à penser que Vincent est une des nombreuses figures de l'auteur.

Le choix du prénom Vincent ne relève pas du hasard. Dans les nouvelles précédentes, nous avons vu que les chiffres et en particulier la numérotation des avenues avaient leur importance. Ici, l'argent et le sème des *cents* ou des pièces roulant sur le trottoir renferment une signifiance d'ordre textanalytique. Notons d'abord que Vincent peut se traduire en « vingt *cents* ». Selon une perspective presque ludique, à l'instar des enfants qui jouent à transformer leur nom propre en nom commun renvoyant à des objets de la vie réelle, Truman Capote fait de Vincent le signifiant de vingt *cents*. Les extraits suivants comportent implicitement une dimension autobiographique : « Il acheta le journal du soir et chercha la monnaie. Une pièce roula dans le ruisseau et silencieusement disparut dans une bouche d'égout. "Ça n'était jamais que cinq *cents* [l'italique est dans le texte original]" dit le marchand, car Vincent, bien que ne s'étant pas aperçu de sa perte, semblait désespéré. » (p. 54.) Ce que le texte donne à entendre est l'association de Vincent, de vingt et de cinq cents, soit vingt-cinq *cents*, comme une addition secrète et qui relie l'histoire du personnage à celle de l'enfant Truman Capote, à qui sa tante Callie promettait vingt-cinq *cents* s'il apprenait par cœur les psaumes de la Bible, notamment le psaume XXIII. Aux dires de Callie en personne, selon le biographe Clark, elle avait incité le jeune Truman à retenir les Écritures par cette méthode contestable, assimilant l'argent et Dieu, et surtout l'avait maintenu dans cette rigueur morale afin, pensait-elle, de lui enseigner « les voies légitimes d'accès au plaisir ». Or, Truman détesta par la suite cette démarche et jugea ses tantes Callie et Jennie « froides et sans cœur, deux vieilles filles constipées et pingres ». Selon Clark, « on ne cessait de l'entraîner à l'église sans guère plus de choix que les forçats qui travaillaient à la chaîne, sur les routes aux environs de la ville. » Vincent de *L'Épervier sans tête* fuit l'atmosphère familiale et les conventions de la vie bourgeoise et puritaine. Mais ses difficultés à admettre sa véritable nature sexuelle que révèle D. J. font de lui l'avatar de Truman Capote. Callie et Jennie, du réel autobiographique, et le personnage Destronelli, de la diégèse capotienne, sont en étroite relation. L'on constate le retour des syllabes [llie] et [nie] dans le patronyme de l'homme qui, selon Vincent et D. J., aurait tué Miss Hall. Ces deux tantes pourraient bien avoir entamé la nature profonde du jeune Truman et l'avoir amené à refouler sa sexualité, en la teintant d'une culpabilité à la lumière des textes de l'Ancien Testament qu'il était forcé d'apprendre en échange de vingt-cinq *cents*. On notera encore que les pièces s'échappent du porte-monnaie de Vincent ou de sa poche, gestuelle qui trahit chez Capote adulte son désir inconscient mais tardif de refuser cet étrange pacte de l'apprentissage du psaume XXIII contre vingt-cinq cents. Aussi, plusieurs images de menus objets roulant par terre, comme des graines, rappelleront ces pièces que Capote aurait aimé refuser. Ainsi, neuf petites filles (et non dix, le chiffre des dix commandements à apprendre par cœur[38]) sont

---

[38] Propos de Callie, la tante de Truman : « Je lui ai donc dit que c'était une méthode d'enseignement contestable mais que s'il savait parfaitement le psaume 23 je lui donnerais vingt-cinq cents mais pour l'amour du seigneur et pour l'amour qu'il portait au seigneur. Et il a accepté volontiers de l'apprendre par cœur parce qu'il estimait que c'était son devoir. Il s'en est tiré au mieux et je lui ai donné les vingt-cinq cents auxquels Sook a ajouté un petit supplément. Maintenant, il se met aux Dix commandements. Je lui ai dit qu'en n'en

comparées à des « perles d'un bracelet brisé », s'égrenant et s'égaillant dans la rue ; une autre jeune fille appuyée contre une balustrade laisse tomber du « maïs à ses pieds comme des flocons de neige », aussitôt ramassé par un gamin. Plus tard, dans son appartement, D. J. tord nerveusement un des boutons de sa chemise et, précise le narrateur, ce dernier « roula sur le tapis comme une perle » (p. 60). Dans tous les cas de figure, il s'agit toujours d'un enfant ou d'un personnage fragile laissant tomber des graines-perles-pièces, ou cherchant à les récupérer, images esthétisées et symboliques issues de l'enfance capotienne. Nous sommes là au cœur de la création littéraire, fruit d'un profond conflit psychique, d'une lutte de Capote avec lui-même.

L'Épervier sans tête est certes l'en-tête de la nouvelle, mais par un effet de mise en abîme, il désigne aussi le tableau de D. J. qu'achète Vincent à titre personnel, jusqu'à ce qu'il se découvre une intimité avec l'oiseau décapité : « une forme sans tête, drapée dans une robe monastique, reposait complaisamment sur une malle vernie de forain ; dans une main, elle tenait une bougie bleue encore fumante, dans l'autre une toute petite cage dorée. La tête tranchée saignait à ses pieds : c'était la tête de la jeune fille, mais elle avait les cheveux longs, très longs, et un petit chat blanc comme la neige, aux yeux de cristal ardents, jouait avec l'extrémité des boucles comme il eût fait d'un peloton de laine. Les ailes de l'épervier sans tête, le jabot écarlate et les serres de cuivre, servaient de fond comme un ciel crépusculaire. » (p. 59.) Le motif de la décollation est important, qu'il s'agisse de l'oiseau ou de la jeune fille reposant sur la malle. En outre, pour accentuer la thématique de l'absence de tête (comme signe de folie), le tableau se fonde sur la circulation d'un double antithétique iconique, la sphère et le tranchant rappelant l'instrument d'une découpe et la tête. Aussi peut-on classer les indices de la toile en deux groupes sémiques : la tête tranchée, les yeux du chat, les boucles, l'allusion au peloton de laine, le jabot (par sa forme courbe et rebondie), opposés à tout ce qui se rapporte à l'idée de tranchant ou de ligne droite et coupante, comme les barreaux de la cage, la bougie, les serres de cuivre et l'allusion au cristal. Cette antinomie se retrouve dans le contraste entre les couleurs : la clarté blanche ou bleue (la robe monastique, le chat, la bougie), et le noir ou le rouge (la malle vernie, le jabot écarlate, la tête tranchée de la jeune fille). Le tableau joue encore sur l'opposition entre la gravité et le ludique, l'érotisme et le macabre. Le chat joue avec les cheveux d'une tête tranchée ; la jeune fille

---

choisissant qu'un par jour, la tâche lui paraîtrait moins difficile. » Biographie de Capote par Gerald Clark, *op. cit.*, p. 33.

décapitée semble encore vivante, avec dans une main une bougie bleue et dans l'autre une cage dorée, comme si la vie persistait dans ce corps ou que la mort allait de soi. Sa pose complaisante, c'est-à-dire lascive, et la présence de l'épervier aux ailes déployées en arrière-plan laissent deviner la possibilité d'un jeu sexuel morbide. On s'interroge en effet sur l'absence de tête des deux personnages (jeune fille/épervier), comme si D. J. (Truman Capote en filigrane) avait voulu mettre en relief la partie sans tête des créatures, c'est-à-dire sans raison, privilégiant le bas ou la bestialité. L'oiseau et la jeune fille semblent s'être déjà accouplés dans des sortes de noces barbares qui se sont achevées par leur mutuelle décapitation, à l'image d'un sacrifice lors d'un rituel mystérieux. La double présence animale (épervier/chat) redouble le caractère malsain et sexuel du tableau. Le chat forme un écho au sexe de la jeune fille pourtant recouverte d'un voile monastique et les serres de l'épervier forment un substitut phallique. L'épervier reflète le thème de la puissance virile dominatrice, et les éléments sanglants la fragilité d'un personnage féminin victime et dominé, ayant comme consenti à sa propre exécution. On ne peut que décrypter dans ce tableau néogothique la dimension sacrée profanée, où le religieux (le terme monastique s'y rattache ainsi que la jeune fille vierge) se heurte à l'image de la cruauté et du meurtre sanglant, dans une scène sadomasochiste. Les éléments sacrés (bougie, robe monastique) font émerger un sentiment de culpabilité. La cage dorée désigne l'idée d'un emprisonnement, de même que l'envergure des ailes occupant non seulement l'espace le plus important mais obstruant la région supérieure du tableau. La jeune fille, victime ou agneau sacrifié (Truman enfant), ne peut échapper à son bourreau. Le cuivre des serres et le doré de la cage sont les attributs du sacrificateur ou du criminel, s'opposant à la blancheur et au bleu des objets entourant le personnage décapité.

Ce sont ces effets de contraste que Vincent décèle dans ce tableau de D. J. et qui le révèlent à lui-même. Cette toile oxymorique ouvre les pans cachés de sa personnalité et annonce précisément le mal schizophrénique qui le scinde et le coupe du monde dit normal. Ces indices iconiques qui font frissonner Vincent (lui parcourant l'épine dorsale) abritent un des traumas de Truman Capote, des épisodes répétés de son enfance au cours desquels il fut la victime d'un professeur pédophile lors de séances de cinéma. Truman Capote signale ainsi les nombreuses fois au cours desquelles Vincent se rend au cinéma en compagnie de D. J. qui affectionne les salles obscures : « Vincent était assez intelligent pour en comprendre la raison ; à une certaine période de sa vie, il était allé au cinéma lui-même tous les jours, restant parfois à deux ou trois séances consécutives ; c'était un peu comme une religion, car devant ces images changeantes, blanches et noires, il éprouvait le soulagement que doit éprouver l'homme qui confesse ses fautes à son père. » (p. 71.)

De nouveau, comme dans la toile de D. J., on trouve cette association entre l'art et la culpabilité, l'image et le sentiment de commettre le mal. Quelle faute doit-il expier ? Si ce n'est d'avoir, durant son adolescence, accepté de caresser le professeur pervers pendant les films qu'ils regardaient durant des après-midi ? Le biographe Clark ne tait pas le caractère scabreux de ces scènes : « Un professeur aujourd'hui disparu depuis longtemps, ne fit sans doute qu'aggraver les problèmes de l'enfant : il ramenait parfois le gamin chez lui, se souvient Truman, et s'arrêtait en route dans un cinéma, L'Olympia, en haut de Broadway. Ils s'y asseyaient à la dernière rangée et, pendant que le professeur le caressait, Truman le masturbait. Quel effet ces séances sordides purent-elles avoir sur un petit garçon comme Truman, on ne saurait le dire, mais elles ne constituèrent, pour le moins, qu'une désolante initiation aux mystères de la sexualité. » C'est donc cet événement qui surgit du cheminement complexe de Vincent, nouveau cryptophore de Truman Capote. D. J., la fille-garçon aux allures androgynes, n'est autre que le double enfantin de Vincent/Truman, apparu dans son existence pour faire revenir en surface ce passé douloureux, cette blessure d'amour-propre, où le sentiment de honte se mêle à celui du remords de ne s'être pas suffisamment révolté et d'avoir succombé à une sorte de complaisance. Les effets des agissements du professeur de Trinity se sont prolongés sous une autre forme, ailleurs, dans une école épiscopale militaire dans laquelle, pensionnaire, Truman devint le jouet sexuel d'adolescents plus forts que lui (« Étant le plus petit et le plus gracieux de sa classe, Truman fut considéré comme une proie sexuelle par plusieurs cadets – les garçons coriaces, virils dont il était censé devenir l'égal – et quand les lumières s'éteignaient, il était périodiquement contraint d'aller se glisser dans le lit d'un des garçons les plus forts »). L'on comprend alors que la privation de tête sur la toile de D. J., cette obsession de la décapitation, symbolise l'abdication totale de Capote, privé de sa capacité à réfléchir et à dire non aux moments de ces séances sordides où il fut le souffre-douleur de ses camarades. Le *Doppelgänger* D. J. signale le retour du refoulé dans la vie de Vincent, double de Truman Capote. Elle devient en quelque sorte la métaphore du délire psychotique de Vincent, l'émanation du mal subi, de ce que Freud nomme « le déjà arrivé » dans la « préhistoire du patient, à une époque où il savait à peine parler ». D. J. est souvent décrite comme une enfant perdue (*infans* : « qui ne parle pas ») et se réfugie auprès de Vincent l'adulte qui tente de traduire ses non-dits ; mais ne nous méprenons pas : il s'agit bien du discours de Vincent verbalisé à partir des silences de D. J., son autre enfant. Le discours de l'autre, comme déchirure du voile, procède du discours du même. Aussi, le tableau de D. J. va-t-il générer un rêve, nouveau délire, comme une pièce rapportée sur une autre, un rhapsode[39]. Le tableau de D. J. apparaît déjà comme le produit d'un langage chiffré et le rêve que fait Vincent à partir des éléments disparates de la toile mi-gothique mi-surréaliste signale un autre langage chiffré, mais qui révèle le premier en une sorte de solution d'équation débouchant sur une nouvelle inconnue. Dans cette mise en abîme, Vincent redistribue les indices de *L'Épervier sans tête*. Voici ce rêve mis en récit et qui retient notre attention [NB : Le rêve est introduit par une métaphore cinématographique (D. J. et Vincent se rendant fréquemment à des séances de cinéma) et des didascalies de metteur en scène] :

> « Gros plan.
>
> — Oh ! Mais, John, ce n'est pas pour moi, n'oublie pas que nous avons des enfants, un divorce gâcherait toute leur vie !
>
> Obscurité. L'écran frissonne ; roulement de tambours et sonnerie de trompettes : R.K.O. PRÉSENTE…
>
> [Début du rêve de Vincent à partir du tableau de D. J. :] « Vestibule sans issue, tunnel sans fin. En haut, des lustres étincellent, et des bougies que le vent incline flottent dans les courants d'air. Devant lui, un vieillard se balance dans un fauteuil à bascule, un vieillard aux cheveux d'un blond teint, les joues poudrées, des lèvres de poupée. Vincent reconnaît Vincent.
>
> — Va-t'en, hurle Vincent, le jeune et beau Vincent, mais le Vincent vieux, hideux, s'avance à quatre pattes et, comme une araignée, lui grimpe sur le dos.
>
> Menace, supplications, coups, rien ne peut lui faire lâcher prise. Et il s'enfuit avec son ombre, son cavalier secoué par le galop. Un éclair aveuglant serpente et soudain le tunnel grouille d'hommes en habit et cravate blanche, de femmes en robes de brocart. Il se sent humilié : comme ils doivent le trouver déplacé en le voyant entrer dans une réunion si élégante portant sur son dos, comme Sinbad, un horrible vieillard. Les invités, deux par deux, restent pétrifiés et personne ne parle. Il remarque alors que la plupart sont chevauchés aussi par de maléfiques copies d'eux-mêmes, personnifications de leur pourriture intérieure. Tout près de lui, un homme à forme de lézard chevauche un nègre aux yeux d'albinos. Quelqu'un s'approche de lui, l'hôte : petit, rubicond, chauve, il marche à pas légers, précis, dans ses souliers vernis : un de ses bras, plié d'un geste raide, soutient un grand épervier sans tête dont les serres crispées sur le poignet font couler des gouttes de sang. Les ailes de l'épervier s'éploient à mesure que son maître avance. Sur un piédestal se dresse un phonographe d'un vieux modèle. L'hôte tourne la manivelle et met un rouleau. Une valse usée, toute menue, fait vibrer le grand volubilis du pavillon. L'hôte lève la main et annonce d'une voix de tête : attention le bal commence.

[39] Du grec *rhapsôdos*, qui « coud, ajuste des chants ».

[Suit un passage où Vincent valse tout à tour en compagnie de ses anciennes conquêtes (Lucille, Connie Silver) ; le rêveur distingue encore le visage d'un ami qu'il a trahi et qui s'est suicidé (Gordon, pardonne-moi, je ne voulais pas…).

Fin du rêve avec la réapparition de D. J. et de l'hôte à l'épervier :] « Et maintenant, c'est D. J. et elle aussi a quelqu'un agrippé à elle, une enfant ravissante aux cheveux châtain clair ; comme un emblème d'innocence, l'enfant tient sur son cœur un petit chat d'une blancheur de neige.

— Je suis plus lourde que je n'en ai l'air, dit l'enfant, et la voix terrible reprend :

— Personne n'est aussi lourd que moi !

Dès que leurs mains se touchent, il sent diminuer le poids sur ses épaules, le vieux Vincent s'évanouit peu à peu. Ses pieds se détachent du sol. Quittant les bras de sa cavalière, il s'élève. Le phonographe hurle toujours. Il monte plus haut, toujours plus haut, et les visages pâles s'éloignent, luisent en bas comme des champignons dans l'herbe sombre d'une prairie. L'hôte libère son épervier, le laisse s'envoler dans l'espace. Vincent pense : "peu importe, il est aveugle et les méchants n'ont rien à craindre des aveugles". Mais l'épervier tourne au-dessus de lui et fond, toutes griffes dehors ; et il comprend alors que jamais il ne sera libre. » (p. 73.)

Les éléments principaux de la toile réapparaissent clairement, sans masque : l'épervier (protagoniste), la présence féminine (multiple ici), la bougie, le sang, les serres de l'oiseau, la blancheur de certains vêtements, le petit chat blanc, la décapitation, la position haute de l'épervier et son envergure. Mais alors que le tableau de D. J. livre une scène figée et muette, le rêve de Vincent le scénarise, le met en mouvement et le sonorise. Nous nous trouvons face à un film ou à un théâtre intérieur filmé, une prise directe sur le délire de Vincent. Nous comprenons que l'épervier, au départ sans tête, puis simplement aveugle, représente le profond sentiment de culpabilité qui l'envahit. L'oiseau acéphale ou atteint de cécité devient selon le rêve de Vincent le cryptophore des êtres humains et en particulier de leurs fautes. Il intervient pour faire naître chez eux des remords. C'est la raison pour laquelle Vincent revoit ses victimes (conquêtes féminines abandonnées et meurtries). L'épervier, à l'instar de l'œil d'Abel regardant Caïn, incarne la mauvaise conscience de Vincent. Les connotations religieuses et principalement chrétiennes hantent le délire de Vincent (une réminiscence de Truman Capote, chapeauté et dirigé par des tantes bigotes et puritaines) : ainsi la prédominance de la hauteur (épervier et phonographe) écrasant l'homme coupable, lieu du divin qui châtie ou qui ordonne les commandements, l'allusion au Christ enfant porté par saint Christophe (le Christ se révèle au moment où le géant manque de se noyer avec lui dans l'eau du fleuve, incapable de porter cet enfant de plus en plus lourd : le

Christ lui fait comprendre qu'il endosse les maux de l'humanité[40]). Le vieux phonographe qui s'élève au fur et à mesure que le rêve avance symbolise, par son aspect sonore justement, la voix à la fois du divin et du terrible, la parole anathème. Le motif du bal, fréquent dans les contes fantastiques, notamment chez Edgar Poe, métaphorise l'existence humaine. Les mouvements en spirale ou en rotation désignent les actes de chacun, les courses incessantes des humains après des chimères.

Ce rêve contient alors une fonction fractale de la nouvelle même, dans la mesure où, au creux d'un délire onirique, se place une multitude de

---

[40] La Légende de Saint Christophe telle qu'elle est rapportée dans *La Légende dorée* de Jacques de Voragine : « Il chercha longtemps quelqu'un qui lui donnât des renseignements sur le Christ ; enfin il rencontra un ermite qui lui prêcha J.-C. et qui l'instruisit soigneusement de la foi. L'ermite dit à Christophe : "Ce roi que tu désires servir réclame cette soumission : c'est qu'il te faudra jeûner souvent." Christophe lui répondit : "Qu'il me demande autre chose, parce qu'il m'est absolument impossible de faire cela." "Il te faudra encore, reprend l'ermite, lui adresser des prières." "Je ne sais ce que c'est, répondit Christophe, et je ne (286) puis me soumettre à cette exigence." L'ermite lui dit : "Connais-tu tel fleuve où bien des passants sont en péril de perdre la vie ?" "Oui", dit Christophe. L'ermite reprit : "Comme tu as une haute stature et que tu es fort robuste, si tu restais auprès de ce fleuve, et si tu passais tous ceux qui surviennent, tu ferais quelque chose de très agréable au roi J.-C. que tu désires servir, et j'espère qu'il se manifesterait à toi en ce lieu." Christophe lui dit : "Oui, je puis bien remplir cet office, et je promets que je m'en acquitterai pour lui." Il alla donc au fleuve dont il était question, et s'y construisit un petit logement. Il portait à la main au lieu de bâton une perche avec laquelle il se maintenait dans l'eau ; et il passait. sans relâche tous les voyageurs. Bien des jours s'étaient écoulés, quand, une fois qu'il se reposait dans sa petite maison, il entendit la voix d'un petit enfant qui l'appelait en disant : "Christophe, viens dehors et passe-moi." Christophe se leva de suite, mais ne trouva personne. Rentré chez soi, il entendit la même voix qui l'appelait. Il courut alors de nouveau et ne trouva personne. Une troisième fois il fut appelé comme auparavant, sortit et trouva sur la rive du fleuve un enfant qui le pria instamment de le passer. Christophe leva donc l'enfant sur ses épaules, prit son bâton et entra dans le fleuve pour le traverser. Et voici que l'eau du fleuve se gonflait peu à peu, l'enfant lui pesait comme une masse de plomb ; il avançait, et l'eau gonflait toujours, l'enfant écrasait de plus en plus les épaules de Christophe d'un poids intolérable, de sorte que celui-ci se trouvait dans de grandes angoisses et, craignait de périr. (287) Il échappa à grand peine. Quand il eut franchi la rivière, il déposa l'enfant sur la rive et lui dit : "Enfant, tu m'as exposé à un grand danger, et tu m'as tant pesé que si j'avais eu le monde entier sur moi, je ne sais si j'aurais eu plus lourd à porter." L'enfant lui répondit : "Ne t'en étonne pas, Christophe, tu n'as pas eu seulement tout le monde sur toi, mais tu as porté sur les épaules celui qui a créé le monde : car je suis le Christ ton roi, auquel tu as en cela rendu service ; et pour te prouver que je dis la vérité, quand tu seras repassé, enfonce ton bâton en terre vis-à-vis ta petite maison, et le matin tu verras qu'il a fleuri et porté des fruits." À l'instant il disparut. En arrivant, Christophe ficha donc son bâton en terre, et quand il se leva le matin, il trouva que sa perche avait poussé des feuilles, et des dattes comme un palmier. » Édition Édouard Rouveyre, 1852.

Doppelgängers, le fil conducteur de *L'Épervier sans tête*. En effet, D. J., le double de Vincent, fait apparaître, dans le rêve de Vincent, d'autres doubles, images des hantises de chacun (« les maléfiques copies d'eux-mêmes, personnifications de leur pourriture intérieure »). Sur un plan intradiégétique (à l'intérieur des différentes narrations de Capote) ou cotextuel, d'une nouvelle à l'autre, l'écrivain joue sur un nouveau *vertigo* en inscrivant des figures déjà vues à l'intérieur de cette nouvelle-ci. Nous retrouvons en effet plusieurs motifs de *L'Arbre de nuit*, de *Monsieur Maléfique* ou de *Miriam* (pour nous en tenir à notre corpus). Vincent le vieux porte sur son dos un vieillard hideux qui s'assimile au vieux bancal que Miriam rencontre dans la 66e Avenue, provoquant en elle un véritable malaise. « Le nègre aux yeux d'albinos » comporte à la fois une analepse et une prolepse : l'allusion au caractère albinos rappelle la chevelure de la petite Miriam, et le nègre refera son apparition au début de la nouvelle *Monsieur Maléfique*, et au personnage dont la peau tachetée l'apparente à un fauve. Ce personnage, valet de M. Revercomb, possédera aussi un regard étrange et fascinant. Enfin, la présence à la fois maléfique et innocente de l'enfant nous replonge dans l'univers de *Miriam*, avec la petite fille fantasque et violente qui hante la vieille Miriam. Ce motif d'un personnage à la fois jeune et vieux, et capable de se projeter dans l'avenir, est commun à *L'Épervier sans tête* et à *Miriam*. Nous sommes donc bien au cœur d'une vaste fantasmagorie capotienne où surgissent les figures psychiques tourmentées de l'auteur sous le masque des délires de ses personnages.

Cette nouvelle est enfin celle de la peinture surréaliste qu'affectionnait Truman Capote, et nous retrouvons non seulement dans les descriptions oniriques, mais aussi dans le tableau de D. J., la trace des œuvres de Chirico et de Magritte pour ne citer qu'eux. Il semblerait que Truman Capote ait intégré à la peinture fictive de son *Doppelgänger* des éléments empruntés aux toiles des peintres surréalistes. Nous découvrons alors une intertextualité iconique assez complexe, à la fois explicite ou de type irradiante, c'est-à-dire sous-jacente, simplement allusive. Tout se passe comme si Truman Capote voulait signifier à son lecteur qu'il est hanté par tel ou tel peintre, de même que Vincent l'est par D. J. au point d'acheter son tableau et de la chercher quelques jours après dans la foule. Ainsi, l'homme assis et peint par Magritte, dont la cage thoracique et le visage sont entièrement représentés par une cage (une autre par glissement sémantique), prête l'élément « cage dorée » à la toile de D. J. On peut alors par métaphore[41] considérer que Vincent, le seul spectateur du tableau de D. J.,

[41] *Metaphora* : glissement d'une réalité dans une autre.

exprime ce sentiment de se trouver dans une prison (même sensation chez Capote enfant, à une certaine époque de sa vie). De même, ce motif sphérique circulant dans la toile, dont le point d'orgue est la tête détachée du corps d'une femme, est une reprise des nombreuses boules, de toutes ces formes rondes qu'aime à représenter Magritte, dans *La Condition humaine* par exemple. On se demandera aussi si *Le Bouquet tout fait* de Magritte n'aurait pas influencé l'écriture même de *L'Épervier sans* tête, voire de l'ensemble des nouvelles sur le thème du double. Nous voyons en effet dans cette œuvre de Magritte, une jeune femme, la déesse du printemps Flore, adossée à un personnage masculin énigmatique, portant un chapeau melon. Cette déesse vient de la célèbre *Primavera* de Botticelli, peintre de la Renaissance italienne. Cette toile reflète cette fois une double hantise (l'on pense à la célèbre phrase de *Nadja* d'André Breton : qui je hante ?) : celle de l'homme mystérieux pénétré par le souvenir d'une femme éloignée dans le temps, comme revenue d'une vie antérieure, et celle de Magritte marqué par cette œuvre appelée *Le Printemps*. L'homme du tableau de Magritte, accompagné de cette déesse du printemps, trouve un écho chez Vincent observant le visage de D. J. et y décelant quelques traits communs à certains jeunes garçons du Moyen Âge. Cette D. J., sortie de nulle part, semble appartenir à une époque très éloignée de celle où vit Vincent. Elle sera donc ce compagnon de route comme l'est cette jeune femme collée, pour ainsi dire selon la technique surréaliste, au dos de l'homme au chapeau. De même, tout comme nous voyons clairement la déesse contrairement à l'homme au visage caché, Vincent restera aussi un parfait inconnu pour le lecteur, alors que D. J. se livre plus naturellement et offre ses propres délires au lecteur sous les yeux de Vincent. Le tableau de Magritte peut alors se lire comme un synopsis imagé de la nouvelle de Truman Capote.

Chez Chirico, qui sera cité dans la nouvelle emblématique de ce recueil, *Nouvelle-Orléans*[42], Truman Capote emprunte la représentation d'Ariane, sœur de Phèdre, amoureuse délaissée par Thésée, l'ingrat vainqueur du Minotaure. Cette toile montre une forme allongée drapée de blanc[43], figure de l'abandon ; au loin, on voit passer un train dont la fumée se dégage sur un ciel crépusculaire (le train de nuit de Kay, dans la nouvelle inaugurale de Truman Capote). Ariane, attachée au mythe du labyrinthe, fait d'autant plus

[42] « Les rues de La Nouvelle-Orléans présentent de longues perspectives solitaires ; aux heures creuses, il y règne une ambiance à la Chirico », *Nouvelle-Orléans*, p. 308.

[43] Du reste, nous trouvons aussi chez Magritte ces formes féminines étendues avec complaisance et dans une pose lascive, souvent mutilées ou blessées à la tête, comme dans *La Mémoire*.

sens dans l'univers de Capote que tous les personnages, accostés par leur double, se cherchent ou sont en quête de ce qui les a blessés dans leur passé. Ils se trouvent tous dans leur propre labyrinthe, où les a plongés leur mélancolie. Le double apparaît un peu comme un fil, une main tendue vers la sortie parfois floue ou hasardeuse. Il n'est pas simple d'effectuer une anabase, car les personnages se complaisent parfois dans l'enfer et se coupent du monde. Le schizophrène tranche alors le fil d'Ariane qui pourrait le mener hors de l'espace dédalien qu'il a emprunté. Le Minotaure, l'ogre intérieur, est parfois plus puissant que l'attrait du dehors et l'appel des sirènes. Truman Capote construit ses fins de récits comme de nouvelles ouvertures. On ne saurait parler de clôture. Le caractère suspensif et hypothétique des différentes histoires de mélancolie schizophrène suscite chez le lecteur de multiples interrogations et le conduit vers un carrefour de sens. Sans doute, comme l'écrit Céline, pour que nous aussi, lecteurs, nous nous acheminions vers notre propre nuit. C'est sur une nuit que s'achève la nouvelle *Monsieur Maléfique*, sur l'image d'une jeune fille esseulée, affrontant un dehors hostile et froid, mais comme débarrassée de ses doubles et de ses peurs : « Peu importait que ce fussent ses derniers sous et qu'elle eût maintenant à rentrer chez elle à pied, au milieu de la solitude. La neige amoncelée formait comme une mer toute blanche avec des vagues blanches poussées par les vents et les marées lunaires ». (p. 153.)

Monsieur Maléfique : l'acte psychanalytique en question

On retrouve dans *Monsieur Maléfique* le double de Vincent à travers un type de conflit similaire, cette fois chez un personnage féminin prénommé Sylvia, installée à New York et solitaire, comme le jeune homme de *L'Épervier sans tête*. Le désir de fuir la famille et une certaine idée du couple se manifestent encore plus cruellement chez cette jeune femme. Sylvia a quitté Easton pour New York où elle exerce le métier de dactylographe dans un magasin de dessous féminins. Faute de revenus conséquents, elle se voit contrainte de supporter la présence irritante d'Estelle et d'Henry, un couple qui l'héberge provisoirement. Peu à peu, Sylvia se déconnecte du réel, l'élément déclencheur étant la rencontre avec M. Revercomb, dont l'étrange métier est d'acheter les rêves des clients. Grâce à la vente de son monde onirique à celui qui finalement se montrera plus maléfique qu'elle le pensait, elle quitte le couple de bourgeois stupides et s'isole dans un appartement où elle ne tardera pas à sombrer dans un délire de type schizoïde. Le parcours de Sylvia l'écarte progressivement d'une vie familiale conventionnelle et d'un foyer. Un personnage débonnaire et paternel lui tiendra lieu d'ami et de tendre compagnon. Cet homme nommé Oreilly est sans doute l'une des projections de son imaginaire en proie aux hallucinations. Mais il accompagnera Sylvia jusqu'au bord de l'abîme. Conformément aux nouvelles de genre fantastique, la fin n'est pas close et s'apparente à une chute où dominent l'indétermination et le suspens. *Monsieur Maléfique*, plus encore que dans les nouvelles précédentes, comporte un explicit déconcertant et ouvert, sous la forme d'un retour de la scène inaugurale. Sylvia a peut-être rêvé tout cela, enfermée comme l'était Kay, dans ses conflits psychiques. L'origine des traumas du personnage se trouve, ici aussi, dans une histoire triste ou tragique de famille, mais dont le narrateur maintiendra le mystère. Le rejet de la famille, la rupture avec la ville originelle sont encore plus visibles dans cette nouvelle.

1. Sylvia : un personnage en rupture (les premiers signes de la maladie)

Dans la plupart de ses nouvelles, Truman Capote stigmatise d'abord, par le regard de ses personnages à tendance schizoïde, une forme de bêtise bourgeoise et conjugale. Les couples sont ainsi ridiculisés à travers leur langage, voire leur parlure, et cette propension à trouver des surnoms ou des « petits noms » à leurs semblables. Vincent de *L'Épervier sans tête* était « Vinny » et ici, dans *Monsieur Maléfique*, Estelle, mariée à Henry, ponctue son discours de « mon chou » adressé à Sylvia, et de « Minou » quand il s'agit d'Henry. C'est cette atmosphère faussement conviviale que les personnages principaux, atteints d'une profonde mélancolie, ne veulent pas partager. Sylvia vendra un à un ses rêves pour obtenir son indépendance et vivre seule, au prix d'un dépouillement total, préférant le vide à un faux remplissage : « Oh ! ça serait parfait, si seulement elle n'était pas obligée de vivre avec eux, si elle pouvait se procurer quelque part une chambre pour elle seule » (p. 130). Sylvia, comme Vincent, vit ce paradoxe de souffrir de la solitude alors même qu'elle la recherche, moins par goût d'ailleurs que par rejet de liens superficiels ou purement sociaux. Anticonformistes, ces personnages se placent dans la marge et dans cet espace invivable d'un passé familial regretté, refoulé ou fui, et d'un présent insatisfaisant : « D'ailleurs pourquoi était-elle venue à New York ? Peu importe, tout ce passé s'embrumait ; mais si elle avait quitté Easton, une ville au nord de Cincinnati, c'était avant tout pour se débarrasser d'Estelle et de Henry, ou plutôt de leurs pendants, quoique, à vrai dire, Estelle fût-elle originaire d'Easton. » (p. 130.) Ce désir de couper tout lien avec la ville d'origine se double de celui de quitter le couple Estelle-Henry, véritables relais entre Sylvie et ce passé trouble, voire flou, qu'elle fuit. Sylvie veut se libérer de cette prison familiale et surtout du poids des rumeurs colportées et du qu'en-dira-t-on d'une petite ville. L'altercation entre Sylvie et Estelle reflète clairement une opposition entre une représentante du modèle américain traditionnel (mariage, vie de couple et famille au sein d'une existence bien rangée, conforme à la morale bourgeoise) et cette révoltée qu'est Sylvie, désireuse de faire exploser cette bulle trop confortable. Les sautes d'humeur de Sylvia se font plus fréquentes, privant le personnage de relations qui l'auraient maintenu dans une certaine normalité. Les premières pages veulent insister sur le sentiment d'envahissement insupportable chez Sylvia face au sans-gêne d'Estelle qui, par exemple, utilise sa brosse à cheveux ou l'appelle « mon chou » à plusieurs reprises, ou encore l'écoute distraitement en répondant superficiellement. Une remarque d'Estelle semble produire comme un électrochoc chez Sylvia : « Tu ne te sens pas isolée, quand tu nous vois si heureux ? Je peux vraiment te le dire, mon chou, il n'y a rien de tel que d'être étendue dans un lit, la nuit, avec des bras d'homme qui vous enlacent, et…[…] – Estelle, pour l'amour de Dieu…[…] Sylvia furieuse, se redressa sur son lit, les joues empourprées de colère… » (p. 132). Les allusions au corps de l'homme, aux contacts charnels, suscitent immédiatement une réaction vive de la part de la jeune fille. Sylvia n'a jamais connu d'hommes et préfère se réfugier dans l'univers ouaté et fantasmagorique de ses rêves ou hallucinations diurnes. Sa rencontre avec Revercomb lui octroie un début d'indépendance, même si elle se dépouille de ses rêves. Revercomb la conduira vers Oreilly, l'envers de M. Maléfique[44], le compagnon de voyage proche des contes pour enfant, des dessins animés ou du monde des clowns. Mais ce personnage rouge brique, totalement irréel, est le pur produit de l'esprit fragile de Sylvia, le substitut du frère aîné ou d'un père protecteur disparu sans doute trop tôt et que l'écriture n'évoquera pas.

Voilà pourquoi, qu'il s'agisse de Vincent ou de Sylvia, l'enjeu est de taille puisqu'il leur faut accepter de se perdre dans une ville pour accéder à cette nouvelle liberté. Mais les forces du passé sont telles qu'elles peuvent provoquer un malaise et un fort sentiment de culpabilité chez les personnages fugueurs. Cela se traduit par le retour d'un refoulé douloureux dans une personnalité scindée et l'angoisse face au risque de se faire dévorer par la nouvelle ville, tentaculaire et dépersonnalisante. Ni l'un ni l'autre ne veulent plus se réduire à l'image du jeune homme ou de la jeune fille de bonne famille à marier, prêts à devenir « personne » pour éviter de mourir dans la peau de ce « quelqu'un » imposé par des moules et des codes sociaux préétablis. Le discours de Sylvie renferme cette révolte et cette révolution copernicienne, déplaçant ainsi le centre du noyau familial vers la périphérie de l'individualité. La thématique du double s'inscrit dans cette mort d'un je ancien et dans la naissance difficile d'un je renouvelé, mais qui peut s'avérer périlleuse pour le psychisme fragilisé des personnages en quête de leur vrai moi :

> « — Bien sûr, je pourrais trouver quelqu'un à épouser, mais est-ce que tu t'imagines que c'est ce que je cherche, que c'est ça que je veux ?
> Estelle haussa les épaules :
> — Alors, qu'est-ce que tu veux ?
> — Autre chose que ce que j'aurai jamais. » (p. 143.)

[44] *Rever*, dans Revercomb, comporte un palindrome, et peut se lire de gauche à droite et de droite à gauche, offrant une fois encore l'image d'un miroir ou d'un revers. Revercomb pourrait bien en creux contenir la figure d'Oreilly.

Cette « autre chose », cet ailleurs, est indéfinissable et renferme le vague à l'âme qui caractérise les personnages de Capote, sachant ce qu'ils ne veulent plus être, mais flous et indéterminés dans l'objet de ce désir.

Le narrateur, suivant les pas de son personnage Sylvia, montre la montée progressive de la maladie jusqu'à son point culminant le jour où Estelle est renvoyée chez elle avec pertes et fracas. Sylvia décide de rompre définitivement avec la famille, le sud et l'enfance[45]. Elle s'installe dans un taudis qui l'abrite à peine des affres de l'hiver, mais cette solitude et cette misère l'aident paradoxalement à faire émerger sa véritable identité. Toutefois, la maïeutique est lente et douloureuse ; le texte capotien jalonne le périple de Sylvia de signes précurseurs de cette révélation.

Notons d'abord cette hyperesthésie qui accentue particulièrement chez Sylvia sa perception auditive et visuelle. Les premiers paragraphes de la nouvelle effectuent des gros plans sur les éléments du réel perçus par Sylvia comme s'ils étaient l'objet d'un grossissement scénique. De même, l'audition du personnage est augmentée. Le moindre son est amplifié. C'est dans une vaste synesthésie baudelairienne, où les sons et les images se correspondent et se mêlent[46], que Sylvia évolue. L'incipit du récit est à ce titre significatif : « Le claquement de ses talons hauts sur le marbre de l'entrée la faisait penser à des cubes de glace qui s'entrechoquent dans un verre, et les fleurs, ces chrysanthèmes de demi-saison dans un pot, près de la porte, si on les effleurait seulement, voleraient en éclats, se fracasseraient, sans aucun doute, en une poussière de givre ; la maison, quoique chaude, et même quelque peu surchauffée, donnait froid (et Sylvia frissonnait), oui, froid comme les plis neigeux du visage de Miss Mozart, la secrétaire, tout de blanc vêtue, comme si elle eût été une infirmière. » (p. 129.) Nous l'aurons compris, les nouvelles de Capote sur les doubles maléfiques choisissent l'hiver pour saison et vecteur de l'émergence du mal psychique. Ces premières lignes signalent d'emblée la contamination de l'intérieur d'un espace et du psychisme (vision interne de Sylvia) par l'univers glacial. L'hiver frappe à la fois le personnage et les lieux qui l'environnent de ses attributs concrets et symboliques. Sylvia frissonne et se glace du « dedans ». L'accentuation de sa double perception visuelle et auditive souligne son

---

[45] « Je voudrais que tu rentres chez toi et que tu ne reviennes plus ici. La seule chose que je désire, c'est que tu oublies tout de moi… Et tu pourras écrire à la maison toutes les âneries qui te passeront par la tête. » *Monsieur Maléfique*, p. 143.

[46] « Comme de longs échos qui de loin se confondent/Dans une ténébreuse et profonde unité,/Vaste comme la nuit et comme la clarté,/Les parfums, les couleurs et les sons se répondent. » Baudelaire Charles, « Les Correspondances », *Spleen et Idéal*, IV.

propre ensevelissement dans un univers neigeux qui l'amène à tout voir et tout ressentir à l'aune de cette saison mélancolique. L'expression de cette hypersensibilité, premier symptôme de la maladie, s'accompagne des champs sémantiques de la dureté et de la violence[47] (claquement, marbre, cubes de glace qui s'entrechoquent, voleraient en éclats, se fracasseraient). Le regard de Sylvia sur les choses signale sa fragilité, sa position de victime, comme si elle s'attendait à une blessure ou à une agression, d'autant qu'à la sortie de ce premier rendez-vous avec l'acheteur de rêves, elle se croit suivie par deux garçons à Central Park et imagine un scénario morbide. Ici aussi l'écriture de Capote passe par un mode particulier de perception signifiant une exacerbation des sens. Le toucher, la sensation physique se colorent et se sonorisent[48]. Sylvia, frôlée par ces garçons, transforme le visible en lui attribuant d'autres qualités. C'est tout le réel, soudain hostile, qui provoque pour ainsi dire une exaspération de ses sens :

- elle distingue les couleurs vives et contrastées : « le vent qui remuait dans les feuilles et les globes étincelants des lampadaires qui projetaient leur lueur sur les oiseaux roses, les flèches bleues ou les cœurs verts dessinés à la craie par les enfants » (p. 130). La vision de Sylvia a ceci de particulier qu'elle détache chaque élément en accentuant leur teinte, comme une surimpression, à l'image de l'esthétique surréaliste. Elle effectue une découpe de la réalité, ne retenant que ce qui frappe son regard par l'intensité de la forme ou des couleurs ;

- deux garçons la croisent et font demi-tour. Mais elle se sentait déjà menacée à leur seule vision dans la nuit. C'est sur le mode d'une intensification et d'une métamorphose de la vision réelle que Capote évoque cette scène : « Ils se dessinèrent dans la pénombre, pareils à des flammes menaçantes, et Sylvia, en les croisant, sentit une brûlure l'envahir, tout comme si elle avait frôlé quelque brasier… L'un

---

[47] Kay, de *L'Arbre de nuit*, est d'emblée enveloppée par une atmosphère violente contenue dans les métaphores que Capote insère dans la plupart de ses descriptions : « Des glaçons pendaient aux gouttières de la gare comme les dents menaçantes de quelque monstre de cristal… » (p. 17). On retrouve le même type d'images dans *Miriam* : « Le soleil qui glissait en lamelles incisives à travers les jalousies ». L'écriture insiste toujours sur l'aspect tranchant du réel, comme une préfiguration de la coupure, sème de la scission schizophrénique. Le monde hostile lacère ses victimes qui réagissent en se retranchant derrière un paravent de solitude (un appartement, une chambre, un tableau…).

[48] « Il est des parfums frais comme des chairs d'enfants,/Doux comme les hautbois, verts comme les prairies ;/Et d'autres, corrompus, riches et triomphants… » « Les Correspondances », *op. cit.*

martelait de son bâton une clôture en fer, et l'autre sifflotait : ces deux sons l'encerclaient comme le grondement confus d'un moteur qui viendrait sur elle… » (p. 130.) Sylvia donne un contour à ce qui est impalpable et de l'ordre d'un ressenti, passant ainsi de la glaciation du réel ambiant chez Revercomb à cette irradiation de la nuit en présence d'une menace potentielle. Mais dans les deux cas, l'extérieur semble agresser Sylvia, et ses sens se trouvent en réception absolue, exacerbés au plus haut point, comme si l'espace et le temps étaient sortis de leurs gonds, effaçant les filtres ou barrières habituelles entre l'humain et le monde. Sylvia se trouve livrée entièrement à l'univers, ouverte aux moindres inflexions des choses ou des gens rencontrés au gré de ses promenades. Le personnage capotien atteint de mélancolie se trouve hors de lui-même, attaqué de toutes parts par un environnement souvent hostile et qu'il perçoit de manière amplifiée. Pour comprendre l'état de Sylvia, il conviendrait de penser à un sujet soumis à la mescaline ou à un produit hallucinogène, à la différence que seul le psychisme du personnage le plonge dans cet étrange mode d'appréhension du monde.

Il en est ainsi lorsque Sylvia surprend une conversation entre trois hommes qui lui révéleront l'existence de M. Revercomb. Rien de plus banal que d'entendre un dialogue qui ne vous concerne pas. Et pourtant, Capote rend cette scène insolite par certaines allusions et connotations oniriques, voire d'ordre hallucinatoire. Dans notre contexte de récit fantastique, aucun mot ne peut être le fait du hasard et tout lexème contribue à un effet d'irréel, à une défamiliarisation du réel. En effet, Capote précise que Sylvia déjeunait à « L'Automate »[49] (restaurant à distributeurs automatiques) ; le mot (outre son sens premier indiqué en note) comporte une valeur textanalytique voilée : Sylvia, coupée de plus en plus de la réalité commune, en génère une autre, le signifiant « automate » révélant une dictée de l'inconscient qui amène la jeune femme à accomplir des gestes mécaniquement, sans prise sur le réel, privée de sa lucidité. Cet événement, dans ce lieu au nom symbolique, déclenche le processus de la folie. La conversation contient les ingrédients d'une fantasmagorie dans laquelle se dirige Sylvia : l'existence de M. Revercomb, personnage mystérieux qui achète des rêves, le nom et l'adresse de cet homme notés sur un papier abandonné sur une table et dont

---

[49] Vincent, dans *L'Épervier…*, fréquente aussi ce lieu après sa rencontre avec D. J. Le choix de « L'Automate » ne peut être anodin.

Sylvia s'empare. Ces indices inconscients affleurant en surface mettent en place les rails d'un délire que Sylvia désire vivre. Dès lors, certains spectacles ou scènes de rue vont provoquer des malaises chez le personnage de plus en plus vulnérable, exposé à ce qui peut rouvrir d'anciennes blessures. La simple vision d'un Père Noël électrique grandeur nature derrière une vitrine suscite le dégoût et la frayeur. L'écriture use alors de termes rapprochant le Père Noël de la figure obscène d'un exhibitionniste : « qui se balançait frénétiquement d'avant en arrière et, tout vibrant d'allégresse mécanique, se donnait de grandes tapes sur le ventre. Derrière l'épaisseur du verre, on pouvait entendre son rire criard et sonore » (p. 135). Comme dans les nouvelles précédentes, Capote associe un motif propre à l'enfance et à l'innocence, à un autre scabreux, pervers et à caractère sexuel. Ce Père Noël, par ses mouvements et son rire, loin de susciter l'émerveillement ou la gaieté, mime les mouvements d'un coït que le regard de Sylvia perçoit nettement. C'est ce qui déclenche le malaise et la fuite de Sylvia. À poursuivre l'analyse du filigrane, on peut lire la peur du père intensifiée par ce rire sonore et la perversité qui consiste à adopter le voile de l'enfance pour perpétrer le mal. N'est-ce pas l'image d'un pédophile ou d'un père incestueux qui se profile derrière cette vitre, écran entre l'inconscient et la conscience de Sylvia cherchant à lutter encore contre un souvenir oblitéré parce qu'insoutenable ? La découverte désagréable de ce Père Noël est aussitôt suivie par la narration de la deuxième visite chez Revercomb, effet de contiguïté signifiant la claire proximité de Revercomb et de la créature obscène : « Plus elle le contemplait, plus il lui semblait abominable. Enfin, elle se retourna en frissonnant et se dirigea vers la maison de Mr. Revercomb. » Il semble alors que Sylvia se place entre la vitrine, derrière laquelle s'exhibe un Père Noël, et la demeure où vit Revercomb, au centre d'un espace dont l'envers et l'endroit (côté pile, côté face) seraient dépositaires d'un secret.

Il s'avère alors que M. Revercomb, véritable protagoniste de la nouvelle, incarnation de M. Maléfique, est le centre aveugle d'un labyrinthe dans lequel Sylvia se perd.

2. M. Revercomb

Personnage énigmatique, M. Revercomb ne sera jamais décrit de manière directe, explicitement, par un narrateur omniscient garant de la vérité fictive. Truman Capote choisit la focalisation interne de Sylvia, seule détentrice de la vision et du savoir. Aussi ce personnage éponyme apparaît-il au lecteur sous une forme parcellaire. Nous devons le reconstituer, comme s'il s'agissait d'un puzzle, à partir des impressions livrées par Sylvia au cours de dialogues ou par monologues intérieurs.

La première page laisse entendre que M. Revercomb bénéficie de l'aide d'une infirmière. Il ne se déplace jamais et reçoit chez lui ses clients, porteurs de rêves qu'il achète. Une secrétaire prend en note les rêves des visiteurs et les rémunère en fonction de l'importance de leur restitution onirique : « L'enveloppe que lui avait remise Miss Mozart ? Elle était dans le sac, mais, jusqu'à cet instant, elle n'y avait plus pensé. Elle la décacheta. Une feuille de papier bleu était pliée autour d'un billet ; la feuille portait ces mots : "payement d'un rêve : cinq dollars". » (p. 134.) Nous pourrons nous faire une idée de ce personnage à travers la perception de Sylvia et de son double Oreilly, qu'elle fait surgir dans la salle d'attente de Revercomb. L'écriture nous livre d'abord un portrait partiel onirique. Sylvia produit un rêve érotique dont Revercomb est le centre : « Comme la lueur d'une flamme, le bien-être vacilla autour d'elle, et bientôt ce fut la lueur crépusculaire d'une lanterne aux verres opaques ; j'enfonce et tout s'enfonce ; et lui, ses lèvres, ses bras : culbute d'images emboîtées. Avec dégoût, elle envoya promener d'un coup de pied sa couverture. Étaient-ce ces bras d'homme, les bras dont Estelle avait parlé ? Les lèvres de Mr. Revercomb effleurèrent son oreille, tandis que, penché sur elle, il pénétrait son sommeil. Racontez-moi, murmura-t-il. » (p. 134.) L'incipit du rêve rappelle en fait le début d'une séance d'hypnose (emploi d'une faible lumière, gros plan sur les verres opaques de Revercomb et paroles à la première personne privées de leur énonciateur) ; la personne sous sujétion entend des phrases sans savoir d'où elles émanent. Il semblerait alors que M. Revercomb soit un psychanalyste et que Sylvia soit en thérapie. Truman Capote le fera comprendre à son lecteur petit à petit. Ce qui explique qu'aux yeux de Sylvia, il achète les rêves, alors que la fonction du psychanalyste est précisément d'écouter les rêves et les discours délirants des malades. Cette nouvelle narre, sous sa forme allégorique et par la perception d'une malade, l'acte psychanalytique. Revercomb est un médecin aliéniste : voilà pourquoi dans sa salle d'attente il y a autant de patients et que Miss Mozart porte un uniforme d'infirmière. Nous sommes bien dans le milieu médical. Mais l'optique choisie par Capote est celle du personnage atteint de folie et dont la schizophrénie va s'aggraver durant les semaines suivantes. Truman Capote rejoint un peu les auteurs de romans épistolaires du XVIIIe siècle, qui adoptaient le regard de l'étranger sur un pays ou une nation pour mieux décortiquer son fonctionnement grâce à cette distanciation. Ainsi, toute l'originalité de Capote consiste à raconter une *cure speach* du point de vue du patient et non de celui qui traite et guérit. Il s'agit de faire entrer le lecteur de plain-pied dans la folie de Sylvia et d'en suivre les méandres jusqu'au point de rupture. Revercomb, le maléfique, n'achète pas les rêves en soi, mais demande à ses patients de les raconter avant de se faire payer la consultation. Le paiement est l'une des conditions de l'efficacité de l'acte psychanalytique.

Le rêve de Sylvia condense deux champs sémantiques qui se faufileront dans la nouvelle : l'érotisme et la violence. Les images et les lexèmes choisis expriment comme une forme de meurtre accompli sur le corps d'une femme et un acte charnel. Éros et Thanatos se trouvent une fois de plus convoqués et reflètent l'angoisse de Sylvia, en proie à une véritable résurgence d'un trauma d'enfance. Sans doute est-ce aussi la peur d'accomplir l'acte charnel qui l'amène à assimiler M. Revercomb à une sorte d'ombre faussement tutélaire, accomplissant un viol, à une figure de père incestueux tour à tour doucereux et menaçant. La violence du coït (j'enfonce, culbute, pénétrait) s'accompagne d'un désir amoureux (lèvres, bras, effleurèrent son oreille, un « racontez-moi » chuchoté sur le ton d'un confesseur ami). Le rêve place Sylvia au cœur d'une vaste mise en abîme qui se réalise selon la figure de la spirale, se mouvant de l'extérieur vers l'intérieur : de la lanterne vers les verres qui vont ensuite condenser les éléments épars du corps de Revercomb. Ce rêve se prend lui-même pour objet dans la mesure où il met en scène les conditions d'une narration de rêve dans le cabinet de Revercomb, personnage même du rêve de Sylvia. Or, dans la vie non rêvée, Revercomb écoute et achète ses rêves. La spirale, à l'image d'un serpent qui se mord la queue[50], entraîne Sylvia dans un *vertigo*[51] où le rêve se vit et se raconte. M. Revercomb est irrémédiablement associé à un univers érotico-macabre, figure d'un ogre, d'un avatar de père

---

[50] Ouroboros : le serpent qui se mord la queue, qui ne cesse de tourner sur lui-même, qui s'enferme dans son propre cycle, évoque la roue des existences… Il symbolise le perpétuel retour, la continuelle répétition. L'image de la lune comparée à une roue dans le ciel nocturne apparaît dans une nouvelle de Capote, rappelant le cycle et l'enfermement des personnages dans leurs obsessions : « une lune d'hiver glaciale tournait au-dessus du train dans le ciel nocturne comme une mince roue blanche » (*L'Arbre de nuit*, p. 21) ; les formes lunaires, souvent sollicitées par ailleurs, indiquent aussi un changement important dans le cheminement d'un personnage (*cf.* la guitare de diamants).

[51] Titre d'un film d'Alfred Hitchcock, dont la traduction française, Sueurs froides, s'éloigne du sujet central de l'œuvre, à savoir non seulement le vertige (l'acrophobie) dont le protagoniste est victime, mais aussi l'effet labyrinthique de la spirale vertigineuse qui entraîne le personnage dans une réduplication de la tragédie qu'il pensait pouvoir éviter, passant ainsi du simulacre d'un meurtre à un réel homicide.

faussement protecteur, personnage à la fois fascinant et repoussant. Nous retrouvons dans ce cas de figure la même problématique que celle de *L'Arbre de nuit*, lorsque Kay fixe l'infirme du train, menaçant et attirant. La demeure de Revercomb est aussi une manière indirecte d'évoquer ce personnage à travers le motif du labyrinthe. Sylvia entre dans la maison de Dédale et Revercomb pourrait bien endosser cet autre masque de l'ogre dévorateur, le Minotaure : « Du lierre desséché par le froid s'enroulait en guirlandes autour des fenêtres à vitraux et s'effilait au-dessus de la porte comme les tentacules d'une pieuvre. De chaque côté du porche se trouvait un lion en pierre, avec des yeux aveugles tout effrités. » (p. 135.) Lierre, guirlandes et tentacules de pieuvre introduisent le thème arachnéen propre aux voies bifurquées du labyrinthe. Peu auparavant, Sylvia avait rêvé des bras de Revercomb l'enlaçant, ce qui l'apparente à cette image monstrueuse du poulpe. Sylvia associe ce personnage à une créature énigmatique (par la présence des lions rappelant l'image du Sphinx, contenue aussi dans *L'Arbre de nuit*) et insidieuse, voire reptilienne. Elle se voit finalement encerclée de toutes parts par M. Maléfique dont les verres opaques trouvent un écho à la fois dans les fenêtres à vitraux qui filtrent la lumière et dans les yeux aveugles des deux statues de lion. L'environnement de Revercomb annonce la personnalité de l'analyste, fouilleur infatigable des âmes et auquel on n'échappe pas.

Le portrait de Revercomb réapparaît alors que Sylvia s'entretient avec son nouvel ami Oreilly, ancien client/patient de M. Maléfique. Nous serons alors face à deux portraits croisés, celui de Sylvia évoquant sa séance, et celui de Oreilly qui justifie le titre de la nouvelle : « Lorsqu'elle s'était trouvée en présence de la grisaille irréelle de Mr. Revercomb, impeccable, exact comme les plateaux d'une balance, avec ces odeurs de clinique flottant autour de lui, et ses yeux gris plantés à fleur de tête comme des graines dans un visage anonyme, protégés par des verres aux reflets d'acier, elle avait été incapable de se rappeler un rêve… » (p. 138.) l'hypothèse du psychanalyste ou psychiatre est confirmée par le lexique adéquat. Il reste que Capote ne semble pas priser cette pratique qui consiste à fouiller l'inconscient d'un sujet de manière froide et impavide. Écouteur et non écoutant, Revercomb agit sans humanité auprès de ses malades et enregistre mécaniquement leurs rêves sans se soucier de leur bien-être. Aussi Oreilly se lancera-t-il dans une diatribe à l'encontre de Revercomb qu'il baptisera M. Maléfique. Ce nom résonnera au moment où l'un et l'autre parviendront au niveau de la vitrine abritant le Père Noël obscène : « l'endroit où le Père Noël mécanique se balançait en aboyant. Son rire se répercutait dans la rue bruissante sous la pluie et son ombre oscillante se mêlait aux reflets irisés du trottoir ». Sylvia décrira Revercomb, comme Kay de *L'Arbre de nuit* aurait pu le faire, sous une forme comparable au croquemitaine, connu des conteurs de légendes : « Toutes les mères en parlent à leurs gosses : il vit dans les arbres creux, descend par les cheminées lorsque la nuit s'est installée, et se cache dans les cimetières ; on l'entend marcher dans les mansardes. Le salaud, il vous vole et vous menace : tout ce que vous possédez, il vous le prendra, et à la fin, vous n'aurez plus rien, pas même un rêve. » (p. 139.) Sylvia réagit exactement comme Kay qui ne se souvient pas d'emblée de ce personnage effrayant de son enfance. On peut ainsi placer ces deux passages en parallèle :

— *L'Arbre de nuit* : « Il y avait en lui une qualité indéfinissable qu'elle n'arrivait pas à formuler et qui lui rappelait… quoi ? » (p. 22.)

— *Monsieur Maléfique* : « Oui je sais qui il est. Dans ma famille on lui donnait un autre nom, mais je n'arrive pas à me rappeler lequel. C'est si vieux » (p. 139.)

Les deux petites filles, par-delà leur paraître de jeune femme, conservent cette part d'enfance qui les retient dans la peur de l'ogre, du loup ou du Père Noël, version saint Nicolas, le mangeur d'enfants (du petit lard)[52]. Kay et Sylvia partagent d'ailleurs, sous une forme chiasmique, les deux voyelles A et Y : A-Y/Y-A correspondant à l'envers et l'endroit d'un même personnage-valise.

Enfin, Revercomb n'échappe pas à la règle capotienne d'une onomastique symbolique. Le mot « rêver » y est lisible dans les deux sens, par effet spéculaire, et directement associé à sa fonction dans la diégèse. On peut aussi y lire l'idée d'un revers, de l'effet de rebond qui surprend Sylvia victime de Revercomb. Une fois débarrassée de ses rêves, Sylvia n'est pas heureuse pour autant et sombre dans la déréliction. Est-il toujours sain de renoncer à ses rêves ou de les confier à un tiers, fût-il analyste ? De plus, *comb*, terme polysémique en anglais, désigne le « peigne » ou le « démêloir », que l'on rattache au motif de la chevelure d'Ariane, du

---

[52] L'on sait en effet que, d'après la légende, et avant de se métamorphoser en figure généreuse de distributrice de présents aux enfants sages, saint Nicolas a été tenté de se comporter comme un ogre et enfournait dans sa hotte (un grand sac porté sur le dos) les petits enfants. Aussi, pour mieux se déplacer dans les contrées, il portait des bottes : lorsque saint Nicolas arrive chez le boucher, il a grand faim, il ne veut ni jambon ni veau mais du petit salé. Or, le *Petit Robert* indique pour « petit salé » : « chair salée d'un petit cochon ; au sens figuré et populaire : petit enfant, lardon ». La légende de saint Nicolas est célèbre depuis le XIIe siècle dans l'est de la France et multiplia les figures de dévorateurs accompagnant le saint, comme les pères fouettards et les croquemitaines destinés aussi à punir les enfants en les volant pour les manger.

labyrinthe que Sylvia traverse, afin de « démêler » ses propres errances et errances. Revercomb est celui qui la conduit vers une révélation de son identité quoi qui lui en coûtera. *Comb* est aussi une « crête », et là se trouve l'enjeu de la nouvelle : faire remonter en surface l'enfoui, le caché et ce qui s'est tramé dans l'enfance de Sylvia. Figure de l'ombre, Revercomb[53] représente la part obscure de Sylvia qui émerge jusqu'au délire final, acmé d'une mélancolie sévère.

L'on peut alors considérer cette nouvelle comme le cheminement de Sylvia vers son propre déchiffrement, sa propre histoire dont elle aura à démêler les fils entrelacés. Revercomb lui offre cette possibilité de descendre en quelque sorte dans sa crypte et de découvrir les motifs de ses angoisses et de son profond malaise qui l'éloignent d'une vie sociale dite normale et d'une vie de couple qui la révulse hautement. On peut aussi entendre *comb* sous son signifiant sonore escamoté de comble, au sens d'espace situé au-dessus d'un plafond, d'un édifice, comme une sorte de grenier, de mansarde (image de l'inconscient ou des pans de vie refoulés) ; voire aussi l'idée d'un comblage car il s'agit bien de combler les cases manquantes d'une existence aux aspects obscurs. Le comble peut encore indiquer l'impossibilité de supporter une charge ou un élément de plus ; or, c'est bien de cela qu'il s'agit : Sylvia est parvenue à un point de non-retour et ne peut plus supporter le monde et ses codes ; voilà pourquoi elle se réfugie dans ce qui peut s'apparenter à un délire schizophrénique qui la maintient « coupée » des autres, en scission avec le monde. M. Revercomb n'existe sans doute que dans son imagination, comme Oreilly, le contre-portrait du dévorateur Revercomb.

Pour sa survie, comme un signe de sursaut de l'inconscient qui désire se barricader avant la catastrophe, Sylvia crée Oreilly au cœur de sa nuit.

3. Oreilly : le versant solaire de Revercomb

C'est toujours dans la rue que les personnages capotiens, Miriam, Sylvie et Vincent, découvrent ce double à la fois semblable et distinct. D. J. et Oreilly sont les deux figures palliatives de Vincent et de Sylvia, rencontrées

---

[53] Faut-il y voir aussi un jeu phonique sur la syllabe profonde et longue de /comb/ contenant la semi-voyelle /on/, opposée aux voyelles finales, ouvertes et aiguës de Oreilly ? Sylvia, passant de Revercomb à Oreilly, ferait donc un parcours de l'ombre à la lumière, laissant émerger les faces obscures de sa personnalité, se révélant à elle-même.

au cœur de New York et qui semblent s'attacher à leurs pas. D. J. suivra Vincent chez lui et deviendra sa nouvelle « petite amie », et Oreilly fera figure de père/frère protecteur, amant platonique de Sylvia. La création de Oreilly vient de l'attachement de Sylvie au personnage de clown, contre-portrait du croquemitaine incarné par M. Revercomb, l'acheteur de rêve :

> « L'homme qui avait parlé était petit, taillé en barrique, et d'un teint de brique... Cette tristesse grimaçante qui faisait penser à un clown sans maquillage. Tout en jonglant avec sa balle, il suivit Sylvia dans la direction de Madison Avenue...
>
> — Quand j'étais petite, les seules poupées que j'aimais c'étaient des clowns. Ma chambre, à la maison, ressemblait à un cirque. » (p. 137.)

Oreilly est l'effigie rassurante qui accompagne Sylvia dans ses déambulations, sortie tout droit de son univers enfantin de poupées et de fêtes foraines. Il s'appelle Oreilly parce qu'à l'inverse de Revercomb, il « écoute », il « tend l'oreille » réellement à Sylvia, lui parle et sait capter ses silences. Sylvia donne vie en quelque sorte à un clown imaginaire qui va diminuer sa solitude et l'amener à affronter ses peurs. Alors que Revercomb est lié à sa maison recouverte de lierres semblables à des toiles d'araignée, Oreilly appartient à la rue et au ciel bleu (« J'observe le ciel... Je suis là, avec ma valise, et je voyage dans le bleu. C'est là qu'on voyage quand on n'a pas d'autre endroit où aller... »). Personnage aérien et poète, il apparaît jouant avec une balle, motif ludique désignant le monde dans lequel Sylvia se réfugie, comme atteinte du syndrome de Peter Pan. Certes, dans la diégèse, Oreilly est un alcoolique, sans domicile fixe et vend des rêves pour boire. Mais au-delà de ce détail concret et anecdotique, ce personnage, par sa métaphore du « voyage dans le bleu », cherche à indiquer à Sylvia une voie autre que celle de Revercomb. Le bleu s'apparente à la part intacte et pure que chacun peut conserver, en dépit des aléas et des souffrances imposés par l'existence prosaïque. C'est cette dimension, ce second souffle, que Sylvia est invitée à trouver pour mieux vivre et grandir : une chambre en soi. Au demeurant, désireuse de rompre avec le passé, la famille et le couple conformiste Estelle-Henry, ne cherchait-elle pas, en monnayant ses rêves, une « chambre » à elle toute seule : « J'aurai un chez-moi quelque part, où je vivrai seule ». Se retrouver chez soi pourrait s'interpréter comme le désir de s'accepter et de voir en face sa propre folie, sans biaiser. Dès lors, l'histoire de Sylvia se résume à la démarche d'une jeune fille quittant le cocon fragile de son enfance pour vivre pleinement en tant qu'elle-même, endossant son identité, et non celle trop lisse que les autres attendent. Il s'agit pour elle de renoncer à l'enfer d'autrui pour la pleine réappropriation de son moi quitte à affronter ses démons. Truman Capote place alors une scène quasi identique au début et à la fin de sa nouvelle : la poursuite à Central Park de Sylvia par deux garçons aux intentions malsaines. Mais si l'incipit montre une Sylvia apeurée et échappant *in extremis* aux deux agresseurs, symboles de ses terreurs enfantines, l'explicit signale au contraire une nette évolution : Sylvia, quittée par Oreilly, son dernier garde-fou, cesse d'avoir peur et apprend à regarder le ciel : « Je ne sais pas ce que je désire, et peut-être ne le saurai-je jamais ; mais, après chaque étoile, mon seul vœu sera d'en voir une autre. Et, réellement, je n'ai pas peur. » (p. 153.)

En définitive, dans cette nouvelle, Capote détourne la connotation ludique que pourrait avoir le rêve tout en évitant le motif traditionnel fantastique du cauchemar : il s'agit d'un homme mystérieux, M. Revercomb, dont le métier est d'acheter les rêves et de les « ingurgiter », à l'instar de Cronos avalant ses enfants[54]. Sylvie vend ses rêves pour subvenir à ses besoins : d'un point de vue social, cela signifie qu'elle renonce à ses désirs profonds pour entrer dans la réalité décevante ; vivre revient à faire mourir ses rêves. D'un point de vue psychanalytique, Revercomb apparaît comme la figure du thérapeute à l'écoute de son patient et, selon la théorie freudienne, comme collecteur et transcripteur des rêves du malade. Sylvia se livre en quelque sorte à un psychanalyste, lui confiant ses rêves. Or, chez Capote, loin de guérir ses patients, Revercomb les vampirise en utilisant leurs rêves, en en faisant une matière. Capote dénonce ici les abus d'une psychanalyse qui se sert des malaises et des malades pour asseoir une théorie ou forger un métalangage éloigné des véritables enjeux de la relation médecin/malade.

Le mangeur de rêves est donc une nouvelle figure du croquemitaine, de l'ogre dévorateur, effrayant la plupart des personnages capotiens encore ancrés dans l'enfance. Sylvia fait d'ailleurs un rêve tout à fait édifiant dès les premières pages : elle érotise M. Revercomb et le contenu de ce rêve s'apparente à une véritable agression de la jeune fille.

Il ne reste plus qu'un recours à Sylvia : créer une contre-figure qui la rassure ; il s'agira de Oreilly, père protecteur et doux amant platonique,

---

[54] On peut considérer le dieu grec Cronos comme l'ancêtre de l'ogre pour plusieurs raisons. D'abord il s'est rendu célèbre pour avoir émasculé son père Ouranos à l'aide d'une faucille d'or que sa propre mère Gaïa lui avait confiée. Son attribut est la faucille, arme et instrument tranchant dont tout ogre, par la suite, se trouvera muni. Ensuite, le dieu Cronos est le dévorateur d'enfant : « Pour ne pas être détrôné à son tour par sa progéniture, suivant les prédictions de ses parents, il dévore ses propres enfants dès leur naissance. Rhéa, à la fois sa sœur et son épouse, s'enfuit en Crète pour accoucher de Zeus. À la place de Zeus, Rhéa donne à Cronos une pierre à manger. » *Dictionnaire des symboles*.

image sans doute d'un père idéalisé et absent. Oreilly se rattache à la figure du clown (le contraire de l'homme infirme, sourd et muet, de *L'Arbre de nuit*, venant du cirque lui aussi), réconfortante et amène, bienveillante et enjouée. C'est Oreilly qui la retrouve dans son appartement où elle se cloîtrait depuis des jours, en se laissant mourir. C'est ce personnage qui la contraint à sortir de chez elle pour ensuite la laisser face à son destin. La fin de la nouvelle est ambiguë : la nuit happe Sylvia. Deux interprétations s'offrent à nous : ou elle s'apprête à être agressée par les deux voyous apparus aussi au début de la nouvelle, ou bien Sylvia est enfin adulte, ayant renoncé à ses rêves pour entrer radicalement dans la vie, affrontant ses duretés et ses *realias*. Cette nouvelle peut se décrypter comme une initiation d'une jeune fille à sa propre féminité, à l'acceptation de son corps, à l'oubli ou au travail de deuil à accomplir (l'enfance, épisode de la boîte à musique offerte par le frère). Le lecteur a réalisé une sorte d'incursion dans le subconscient et l'inconscient de Sylvia, à la recherche de ses fantômes et de ses secrets enfouis. Revercomb a ouvert des cryptes…

Dans cette nouvelle, Sylvia n'aura cessé de jongler entre trois figures associées à son enfance : les deux premières sont terrifiantes, M. Revercomb/Maléfique et le Père Noël vu en vitrine, déclencheur d'un malaise ; la troisième, plus réconfortante se réalise pour Sylvia dans le personnage de M. Oreilly, un ancien clown qui l'accompagnera jusqu'à ce qu'elle accepte de se perdre elle-même, pour se retrouver plus forte, dans un parc à la tombée de la nuit. Mais ce trio trouve son origine dans le passé enfantin de Sylvie et plus amplement dans le folklore des contes et légendes colporté par les grands-mères ou les nourrices. Celles-ci sont convoquées autant par Vincent que par Sylvia, en particulier le personnage de la grand-mère toujours bienveillant[55]. Celui-ci fait fonction de figure nostalgique,

---

[55] « Tout à l'heure, le morceau de sucre lui avait rappelé sa grand-mère, et voilà que, maintenant, en entendant cet air, elle pensait à son frère » (*Monsieur Maléfique*, P. 143) ; « Ma grand-mère habitait Glass Hill. Nous nous amusions bien quelquefois. Savez-vous ce qu'elle disait ? Elle disait : "les bougies sont des baguettes magiques : on en allume une et l'univers devient un conte de fées !" » (*L'Épervier sans tête*, p. 65). Le personnage de la grand-mère occupe une place essentielle dans le roman familial de Truman Capote. Il l'évoque entre autres dans un souvenir de Noël sous les traits d'une vieille dame de soixante ans, demeurée en enfance et qui le confond avec Buddy, un jeune garçon mort en 1880, quand elle était encore enfant. Truman s'est attaché à cette vieille dame et a vécu sa mort comme un véritable déchirement, rempli du désir de fuir aussi cette vie avec elle : « Et quand c'est arrivé, je l'ai su. Un message m'annonçant la nouvelle n'a fait que confirmer ce que quelque secret instinct m'avait appris déjà, et qui me séparait d'une partie irremplaçable de moi-même, la laissant à l'aventure comme un cerf-volant dont la corde est brisée. » (*Un Souvenir de Noël*, p. 203.)

solaire et donc regrettée. Les visages ténébreux, monstres et dévorateurs, relèvent du conflit œdipien des deux personnages apeurés devant l'image du couple et du foyer, ou devant l'amour physique, ce qui est le cas de Sylvia. Les personnages grimaçants qui peuplent l'univers onirique de Vincent et de Sylvia deviennent les signes de leurs angoisses d'enfants maintenues dans leur vie adulte. Ces personnages, créatures inquiétantes, signalent surtout une crise interne impossible ou difficile à dénouer.

Conclusion

Les quatre nouvelles de notre corpus inscrivent toutes la thématique du *Doppelgänger* dans la grille psychanalytique et psychiatrique de la schizophrénie, maladie déclenchée par une sorte de délire nostalgique ou de crise mélancolique. Le narrateur transcrit ces manifestations en employant constamment, d'un récit à l'autre, un réseau d'images à la fois poétiques, énigmatiques et angoissantes. L'écriture devient en quelque sorte psychotique quand elle installe des passerelles entre les histoires, multipliant les éléments récurrents, un motif traité dans une nouvelle réapparaissant dans la suivante. Et si Truman Capote narrait en somme la même histoire par des tropes et une figuration des mécanismes de mélancolisation ? Tous ces personnages ne seraient-ils pas le même sous des visages multiples ? Le narrateur dépeindrait la même maladie dont les personnages seraient les cryptophores. La nouvelle *L'Arbre de nuit* qui inaugure ce recueil de courts récits porte les signes avant-coureurs de ce qui constituera les obsessions des personnages atteints par cette étrange maladie, la mélancolie. Le narrateur capotien place en effet dans cette première histoire les motifs qui réapparaîtront dans *Miriam, l'Épervier sans tête, Monsieur Maléfique et La Guitare de diamants.* Comme le fit Gogol dans ses *Nouvelles de Pétersbourg*, un système d'échos, voire de renvois de réitérations, se met en place. Ainsi, *L'Arbre de nuit* inscrit en creux le thème de la poupée et de l'enfance que l'on retrouvera dans la nouvelle *Miriam.* Les apparitions des personnages dans ces nouvelles sont frappées d'étrangeté. Leur arrivée dans les récits n'est jamais motivée. Comme surgis de nulle part, ils ne relèvent pas du code et des conventions du réel, de la mimesis, qui permettraient au lecteur de les rattacher à un milieu ou à des repères culturels précis. Une première défamiliarisation des personnages passe par le motif de la poupée ou de la figurine animée, récurrent dans les nouvelles de Capote, comme si ce jouet issu de l'enfance de Truman remontait en surface, mais masqué sous les traits d'un personnage. La jeune fille de *L'Arbre de nuit* s'assimile à la fillette, le *Doppelgänger* de Miriam, dont le portrait physique (tenue vestimentaire, allure et coiffure) rappelle celui d'une poupée. Leur mise, leur coiffure, leur accoutrement semblent petit à petit les figer et les réduire à un statut d'objets ou de jouets, de figurines enfantines sorties tout droit d'une vitrine. Au départ, Kay pourrait s'apparenter à une jeune fille réelle prenant un train. Les premiers mots du portrait sont attendus et n'offrent rien d'étrange. La présence d'une écharpe de laine à grands carreaux passerait inaperçue si Capote n'avait pas ajouté d'autres détails incongrus qui déplacent le personnage vers des régions de moins en moins réelles et vraisemblables : « ses cheveux peignés avec une raie au milieu et des boucles gracieuses sur les côtés, étaient d'un beau blond tirant sur le châtain… », ou « En plus d'une collection d'illustrés et d'un sac de daim gris, où l'on pouvait lire "Kay" en lettres de cuivre d'un dessin recherché, elle portait ostensiblement une guitare verte de cow-boy… » (p. 17.) Ces trois éléments ne peuvent que provoquer un décalage par rapport à notre première impression. C'est en rapprochant ces indices que nous commençons à deviner que Kay (dont bizarrement le prénom est inscrit sur le sac qu'elle porte) déborde du cadre réel pour venir s'inscrire dans un univers plus mouvant, onirique et inquiétant, jusqu'à ce que le cauchemar surgisse. Le même processus se déploie dans *Miriam* lors de l'entrée en scène de la petite fille dans l'existence monotone de Mrs. Miller. Mais plus encore, Truman Capote accentuera l'inquiétante étrangeté du personnage en laissant apparaître de plus en plus nettement les allures de poupée de Miriam : la chevelure plus blonde et artificielle que celle de Kay, les robes trop parfaites et inadaptées aux petites filles réelles, et les grands yeux qui n'avaient rien d'enfantin, retenant justement l'attention de la vieille dame.

D. J., le double de Vincent dans *L'Épervier sans tête*, suscite autant d'interrogations sur son appartenance au monde réel. Si Capote reprend le motif de la figurine, D. J. se rapprocherait davantage d'une poupée de chiffon ou d'un petit clown, éloignée de la joliesse de Kay et de Miriam. Même si D. J. porte un imperméable comme Kay, les autres éléments du portrait la situent dans un entre-deux, mi-garçon mi-marionnette mi-épouvantail : « pieds nus dans une paire de sandales mexicaines, elle portait des pantalons de couleur sombre et une chemise d'homme blanche, ses cheveux châtains étaient coupés comme ceux d'un garçon… Une frange lui recouvrait le front… » (p. 55.) Par ailleurs (nous l'avons montré dans cette étude), son aspect évoluera en fonction des humeurs de Vincent, D. J. étant visiblement une production fantasmatique et schizophrénique. En fait, si nous mettons ces trois personnages en perspective, nous pouvons émettre l'hypothèse selon laquelle ces jeunes filles, figurines artificielles, seraient issues de l'imaginaire onirique d'un narrateur encore imprégné, hanté par son enfance. Ces personnages aux allures de poupées grandeur nature relèveraient alors de rêves narrés ou de songes éveillés que Capote transcrirait. Les débuts in medias res des trois nouvelles miment au demeurant la manière abrupte et inattendue dont on entre dans un rêve, sans préparation ni prévision. Ces quatre récits pourraient bien projeter, sur un mode narratologique onirique, des formes enfantines, objets d'enfance (poupée, figurine, mannequin, marionnette, fantoche), expressions multiples et complexes d'une mélancolie proprement capotienne.

Perspectives : champs et chants de la mélancolie

« Et ce soir c'est samedi. La pièce nage dans la fumée de cigarettes et le parfum du samedi soir. Toutes les petites tables de bois graisseuses sont munies d'une double rangée de chaises, et tout le monde se connaît, et pour un moment, l'univers se ramène à cette pièce, à cette terrible pièce obscure, saturée de jazz ; notre cœur bat au rythme du pied de Joe la Mitraille, chaque élément joyeux de notre existence est centré sur le reflet de ses yeux malicieux. *I want a big fat mama, yes, yes !* Il se penche en avant sur son tabouret et, tandis qu'il relève la tête pour nous regarder en face, un immense tollé monte dans la nuit : *I want a big fat mama with the meat shakink on her, yes !* »

Truman Capote, *Nouvelle-Orléans*.

1
Nouvelle-Orléans et *La Guitare de diamants* : deux récits à caractère fractal

C'est sous le signe d'une triste musicalité que Truman Capote rédige ces deux nouvelles qui font réapparaître le motif de la guitare contenu dans l'histoire inaugurale de Kay. Souvenons-nous : Kay, la jeune fille du train, avait reçu en héritage de son oncle défunt un seul objet : une guitare verte, instrument incongru auquel Capote accordera la fonction de susciter le fantastique. C'est en frappant les cordes, à la manière d'Orphée, que Kay réveille l'infirme énigmatique du compartiment ainsi que d'autres démons intérieurs, dont la peur du croquemitaine. Le récit *L'Arbre de nuit* précisait encore que Kay, après quelque hésitation, venait de la Nouvelle-Orléans. C'est aussi dans cette région emblématique du sud des États-Unis que Capote rencontre Joe la Mitraille (*Nouvelle-Orléans*) et narre l'histoire poignante d'une rencontre entre Mr. Schaeffer et Tico Feo dans une ferme-prison (*La Guitare de diamants*) : ces personnages sont associés à une guitare et exécutent des chants langoureux ou envoûtants, comme pour réintroduire ce mot qui pourtant ne sera jamais écrit par Capote, le blues, musique du diable ou *devil's song*. Il s'agit de faire naître cette atmosphère propre à la Nouvelle-Orléans et de ce sud si particulier où ont émergé ces chants d'esclaves, puis de travailleurs, véritables galériens de l'existence, des errants perpétuellement insatisfaits, traînant leurs souffrances et leurs rêves irréalisables.

1. Déambulation en Nouvelle-Orléans

Le narrateur-auteur du récit *Nouvelle-Orléans*, tout en appartenant à cette ville, ne semble guère plus relié que Kay à une famille ou à une fratrie. Truman Capote ne ménage aucun préambule pour son lecteur et ne motive pas ses propos. L'emploi de l'article défini « la » (« Dans la cour… ») est déconcertant. Capote agit comme si le référent était connu du lecteur et que nous étions déjà introduits dans l'espace familier de l'énonciateur. Nous

nous demanderons aussi, au fil de la lecture, où se trouve le double du protagoniste, puisque ce thème fantastique est commun à ce recueil de nouvelles inédites, comme l'avertissait la préface. Il semblerait que cette nouvelle introduise le *Doppelgänger* de Capote en personne, déléguant ses pouvoirs à un personnage pourtant inanimé : « un ange de pierre noire ». Il commence en effet sa nouvelle, l'une des plus brèves du recueil, par l'irruption d'un ange qu'il personnifie avant de manifester sa présence par le biais d'un balcon et d'un vieil appartement comme arraché à la temporalité, figé dans le passé, dont les plafonds anciens rappellent des décorations de gâteaux de mariage. Le début *in medias res* fait de l'ange « de pierre noire », dont les « yeux de verre, durs, brillants, d'un bleu délavé comme ceux d'un marin, étaient levés vers le ciel », le protagoniste de l'histoire en tant que principal foyer de regard. Capote use du processus d'enchâssement fréquent dans ses récits. C'est à partir de cette vision d'un personnage marmoréen que le narrateur apparaît en position d'observateur de ce même ange qui, comme lui, regarde la ville. En associant ces deux regards, l'un humain, l'autre inanimé, Capote se dédouble et se fond dans le décor en annulant sa part d'humanité. Il emploie en quelque sorte un personnage médiateur dont il emprunte les yeux. L'effet d'emboîtement est visible : la scène inaugurale est introduite par l'ange ; puis ce sont ses yeux qui font l'objet d'une description et, implicitement, le regard de cette statue est mis en évidence avant l'insertion du narrateur, lui aussi sujet regardant la statue. On obtient cette ligne de vision enchâssée : la statue > son regard vers le ciel (sujet regardant) > le regard du narrateur sur ce même ange de son balcon (la statue devient objet de regard d'un autre sujet regardant). Ce déplacement de vision entre dans le procédé *vertigo* que nous avons déjà repéré dans les nouvelles de notre corpus. L'on perçoit chez lui cet obscur désir de se disperser dans l'espace, en se délestant de son moi, et de se répandre dans les moindres interstices de la ville. Capote délègue son regard à un personnage-double, une créature inanimée par laquelle toutes les scènes vont être orchestrées. Cet ange fait d'ailleurs corps avec l'environnement et partage avec l'hiver les mêmes teintes (bleu délavé, dimanche froid, triste soleil gris). Les yeux de l'ange feront une seconde apparition, circulant dans le texte de Capote, vecteurs de la vision de l'espace. La statue est associée au climat mélancolique et froid de l'hiver (saison récurrente de la bile noire chez Truman Capote). Tel un chronotope, assurant la jonction entre le temps et l'espace, il est le foyer du regard, embrayant la nouvelle et le marqueur de temps. Ses yeux changent de couleur en fonction des moments de la journée : « Les yeux de verre de mon ange servaient de cadran solaire, car ils indiquaient l'heure selon la quantité de lumière qui s'y concentrait :

blancs à midi, ils devenaient progressivement plus foncés, sombres au crépuscule, puis noirs – des yeux de nuit dans une tête de nuit ». Ce personnage faussement inanimé et insolite devient l'emblème d'une Nouvelle-Orléans aux multiples visages et aux aspects contrastés. Le motif du gigantisme accentué par la dimension des bégonias contribue à instaurer un climat fantastique. Capote, outre le sonnet de Baudelaire des « Correspondances » synesthésiques, introduit le rêve de « La géante » du même poète. Placé sous les ailes d'un ange noir et blanc, Capote, le petit homme, se laisse porter par l'étrangeté de sa ville natale énigmatique. Le narrateur-énonciateur-témoin bénéficie alors d'un double statut homodiégétique et intradiégétique, dans la mesure où, originaire de la Nouvelle-Orléans, il évoque des fragments de son existence, les quelques années passées dans cette ville. S'il ne s'agit pas d'une autobiographie conventionnelle, Capote livre ses perspectives de promeneur solitaire et de rêveur tout en racontant la cité. C'est elle finalement qui occupera le devant de la scène, accédant au statut de personnage. Les différentes évocations procèdent d'une forme de théâtralité, ce qui expliquerait alors la présence, dès l'incipit, du balcon, comme une loge privilégiée postée au-dessus de l'espace de la ville, en position surplombante. Dès lors, on pourra lire cette nouvelle comme une série de petites aventures, de saynètes dont chaque personnage, marqué par son insignifiance ou son originalité, serait le héros dérisoire. Chaque fragment contenu dans les phrases de Capote, sous forme de segments nominaux, pourrait être le début d'une histoire à développer ou le titre d'une nouvelle, comme si le narrateur avait voulu inscrire dans la nouvelle la plus brève de son recueil une infinité d'histoires à écrire, une mise en abîme de récits en creux et en gestation. La Nouvelle-Orléans, tel le ventre de Paris zolien, renferme des intrigues à venir. Nous sommes dans un creuset de schémas narratifs et tout est possible : « un visage derrière les rayons obliques d'un volet, des religieuses dans le lointain, un bras noir et gras qui pend négligemment d'une fenêtre, un garçon noir solitaire accroupi dans une allée, soufflant des bulles de savon et les regardant s'élever et éclater d'un air triste ». Trois histoires peuvent ainsi se mettre en place et Capote s'en tient à des scénarios inchoatifs, désireux de multiplier les commencements[56]. Il s'agit aussi de générer ce sentiment d'inquiétante

[56] On peut y voir un reflet de l'écriture fragmentaire dont parle Roland Barthes, un texte jouissif qui multiplierait les commencements comme dans une sourde volonté de ne jamais terminer son propos. Une sorte d'écriture faillée se met en place, un style de l'intermittence : « c'est ce scintillement même qui séduit, ou encore : la mise en scène d'une apparition-disparition. » Barthes Roland, *Le Plaisir du texte*, coll. « Points », p. 19.

étrangeté à partir d'un réel quotidien et de montrer la ville sous un éclairage nouveau. Aussi, l'écriture fantastique se met en place en déployant une poétique fondée sur la fusion des sens et l'amalgame des sensations. Il ne s'agira pas seulement de décrire ou d'évoquer une ville, comme pour un dépliant touristique, mais de livrer un ressenti de l'espace sudiste. Observons cette fin du premier paragraphe de *Nouvelle-Orléans* :

> « Par les soirées chaudes, avec les fenêtres ouvertes, la conversation y était agréable, mélodieuse, car le vent bruissait à l'intérieur telle une brise créée par les éventails de dames d'autrefois. Et par ces soirées chaudes, la ville est calme. On n'entend que des voix : des conversations familiales se tissant sous le rideau de lierre du porche ; le murmure d'une femme aux pieds nus qui chante une berceuse à un bébé dans un landau et qui n'a pas honte d'allaiter en public ; les accents plaintifs d'une langue étrangère émis par une dame irritée qui, assise sur un balcon, plume une volaille, dont le duvet ainsi libéré s'envole de ses mains, glisse dans l'air et tombe mollement sur le sol. » (p. 307.)

Le narrateur, de toute évidence, livre une vision de la ville, mais surtout donne à l'entendre. Il suffit de s'attarder sur le lexique de ce passage pour en saisir la tonalité : mélodieuse, bruissait, brise, voix, murmure, chante, berceuse, accents plaintifs. L'écriture restitue le vécu direct du témoin Capote posté sur son balcon. Mieux encore, il opère un glissement presque imperceptible de la perception auditive à la perception visuelle : le choix lexical associe, par métaphore, l'impalpable de l'audible au concret ; les sons se métamorphosent en tableaux, en objets visuels, selon la perspective baudelairienne des correspondances. Les conversations (seulement entendues par Capote) se dessinent et deviennent des tissages renvoyant à l'image du lierre parcourant le porche. La synesthésie s'opère entre le mélange des voix anonymes et l'entrelacement de la plante grimpante, comme si Capote désirait signifier par cette fusion sensorielle l'arrivée des sons jusqu'à son oreille, à l'instar du lierre susceptible d'atteindre son balcon. L'écriture renouvelle le procédé incluant une métonymie dans la métaphore à travers l'image des plumes de volaille s'élevant puis retombant au sol, comme ces bribes de conversations entendues par vagues, étouffées puis plus audibles selon la direction de la brise. Capote voudrait illustrer la façon dont les rumeurs lui parvenaient, mariant plusieurs modes de perception au lieu de les dissocier. Dès lors, le réel décrit devient la métaphore insolite d'une appréhension globale des choses et par là même, cesse d'être familier pour apparaître, sous un jour nouveau et inconnu. L'on aboutit à une défamiliarisation du monde propre au monde fantastique. Tout se passe comme si Capote réalisait, sous les yeux du lecteur, un tableau vivant saisissant et faisant appel à tous nos sens[57]. Le récit se fait poème, la nouvelle s'apparenterait à une prose poétique. Et l'on ne peut s'empêcher de relier ce texte, si particulier dans ce recueil, aux fenêtres de Baudelaire et de ses *Petits poèmes en prose* dont le sous-titre est *Le spleen de Paris*. Le balcon d'où Capote distingue la tête d'ange tient lieu de fenêtre par laquelle le poète de la modernité voulait donner de Paris une vision originale, synthétique et saisissante :

> « Celui qui regarde du dehors à travers une fenêtre ouverte, ne voit jamais autant de choses que celui qui regarde une fenêtre fermée. Il n'est pas d'objet plus profond, plus mystérieux, plus fécond, plus ténébreux, plus éblouissant qu'une fenêtre éclairée d'une chandelle. Ce qu'on peut voir au soleil est toujours moins intéressant que ce qui se passe derrière une vitre. Dans ce trou noir ou lumineux vit la vie, rêve la vie, souffre la vie. Par-delà des vagues de toits, j'aperçois une femme mûre, ridée déjà, pauvre, toujours penchée sur quelque chose, et qui ne sort jamais. Avec son visage, avec son vêtement, avec son geste, avec presque rien, j'ai refait l'histoire de cette femme, ou plutôt sa légende, et quelquefois je me la raconte à moi-même en pleurant. »[58]

Capote accomplit ce programme poétique en introduisant des débuts d'histoires à partir de visions brèves, de visages entrevus, de morceaux de corps. La ville recèlerait des tragédies virtuelles ou des anecdotes stupéfiantes ; il suffit pour l'auteur-narrateur de capter un élément de cette réalité, d'en extraire un indice et de broder un microrécit. Par l'art de la brièveté et du style fragmentaire, il retiendra quelques traits physiques, une posture et donnera d'un personnage une image précise et pittoresque. Il s'adonne à une série d'évocations, par petites touches successives, de personnages aussi isolés les uns que les autres. C'est bien une *déliaison* qui apparaît dans cette peinture d'une ville où tout le monde se croise sans vraiment se voir, se toucher ou partager des instants d'intimité. Si la perception de Truman Capote est synthétique et subtile, les choses vues relèvent au contraire de la synecdoque et de la parcellisation. Les visions que livre le narrateur s'ajoutent les unes aux autres en divers tableaux placés sous l'enseigne du surréaliste Chirico, indice intertextuel explicite. La voix narrative fait allusion aux rues de la Nouvelle-Orléans qui « présentent de longues perspectives solitaires ; aux heures creuses », et où il « règne une ambiance à la Chirico, et les choses les plus innocentes, les plus ordinaires… revêtent un caractère de violence. » (p. 308.) Le temps y est

---

[57] Figure de l'hypotypose qui peint les choses d'une manière si vive et si énergique qu'elle les met en quelque sorte sous les yeux et fait d'un récit ou d'une description une image, un tableau, ou même une scène vivante.
[58] Baudelaire Charles, « Les fenêtres », *Petits poèmes en prose*.

incertain (c'était en décembre, je crois, un dimanche froid avec un triste soleil gris) et les figures humaines ou animales se juxtaposent sous le regard détaché et distancié d'un narrateur homodiégétique. Comme dans *L'Arbre de nuit*, les personnages ne sont croqués qu'une seule fois dans des activités qui n'impliquent aucune communication. Ils sont mis bout à bout et paraissent remplir un décor de tableau : une femme berçant un enfant, des gens invisibles du narrateur dont on entend les conversations, une femme plumant une volaille, un petit garçon soufflant des bulles de savon… Mais le narrateur ne se contentera pas de ce défilé d'images-clichés, au sens photographique du terme : il s'attardera sur quelques personnages qu'il fera passer de l'obscur anonymat à une sorte d'éclairage vif et inquiétant. La scène du pendu apparaît comme une réécriture d'un petit poème en prose, passée par le filtre d'une écriture quasi cinématographique :

> « Ce matin-là je m'arrêtai net au milieu de la rue, car j'avais aperçu du coin de l'œil une espèce de tunnel, une cour recouverte de feuillage. Un chien de chasse blanc, l'air fou, était planté raide, dans la lumière de fougère verte qui brillait au bout du tunnel ; invinciblement attiré je me dirigeai vers cet endroit. À l'intérieur, il y avait une fontaine ; de l'eau se déversait délicatement de la bouche d'un singe en bronze et produisait un son triste de clochette en tombant sur les cailloux du bassin. Il était pendu à un saule, un homme au visage de bandit ; avec des cheveux frisés couleur platine ; il pendait si souplement, d'un mouvement aussi naturel que celui du saule lui-même. Il y avait de la terreur dans ce jardin silencieux et suffoquant. Des fenêtres fermées regardaient d'un œil aveugle ; des traces d'escargots luisaient d'un reflet argenté dans les bégonias ; rien ne bougeait hormis son ombre. Elle se balançait un peu, d'avant en arrière, bien qu'il n'y eût pas de vent. Il portait au doigt un faux diamant qui clignait au soleil et sur son bras un nom était tatoué “Francy”. Le chien pencha la tête pour boire dans le bassin, et je m'enfuis. Francy – était-ce pour elle qu'il s'était tué ? Je ne saurais le dire. La Nouvelle-Orléans est une ville pleine de secrets. »

Le processus descriptif est de nouveau fondé sur le glissement d'un regard à l'autre, d'un foyer à un autre. Certes, le narrateur est bien celui qui voit, mais la chose importante, objet de la vision, est amenée par un personnage tiers. D'abord un chien qui est figé dans un sentier et qui attire l'œil du narrateur (le chien regarde quelque chose et conduira Capote vers le pendu). C'est un deuxième personnage-animal statue, un singe en bronze, que le narrateur percevra ensuite, avant de livrer le spectacle inattendu d'un corps se balançant relié par une corde à un saule. Cette vision sera aussitôt relayée par d'autres regards émanant cette fois de fenêtres fermées dont les vitres sont assimilées à un « œil aveugle ». Capote déporte systématiquement son regard vers des éléments pourtant inanimés (statue, fenêtre) ou animaux. Il s'agit pour lui de signifier une sorte de regard universel de toute la ville sur elle-même et ses recoins. La Nouvelle-Orléans est munie d'yeux multiples, telle une créature monstrueuse, une hydre à sept têtes, et s'amuse avec perversité à scruter ses propres entrailles. Capote s'octroie la simple fonction d'orchestrer ce dispositif et d'établir une circulation des perceptions, auditives et visuelles principalement (la lumière brillante au fond d'un tunnel, le bruit de l'eau se déversant d'une bouche de singe en bronze, le son désolé de l'eau dans le bassin). En maître d'œuvre dirigeant le regard du lecteur, il dessinera ses tableaux en jouant tour à tour sur les mouvements ascendant et descendant, mimant en fait l'orientation de ses yeux vers l'objet de curiosité : d'abord une ligne horizontale que suit le chien fou du tunnel, puis un premier mouvement vers le bas du bassin où l'eau se déverse, et une montée vers le pendu du saule, enfin une descente vers la main et le bras de l'homme jusqu'à la vision du chien buvant l'eau du bassin. L'animal crée une clôture de la scène : c'est lui qui avait attiré le narrateur vers le pendu, c'est lui qui referme la saynète, effet de boucle. Le narrateur s'écarte de l'endroit et s'oriente vers un autre point de la ville. Le seul événement aura été la vision d'un pendu se balançant au gré de la brise, dans un jardin ensoleillé, et la présence incongrue d'un chien indifférent au spectacle de la souffrance humaine. Le nom féminin « Francy » tatoué sur le bras du pendu aurait pu faire l'objet d'une histoire. Mais le narrateur se borne à ce fragment de l'achèvement tragique d'une existence, alors même que la nature signifie le contraire par les jeux de lumière et les mouvements de balancier de l'arbre dans le vent. Un sentiment de l'absurde et de la déréliction humaine imprègne le jardin et provoque la fuite de Truman Capote[59].

Le narrateur se livre encore à une suite de portraits vifs et cocasses. Chaque actant de la Nouvelle-Orléans incarne l'aspect étrange et décalé de la ville. Mais qu'il s'agisse de Miss Y. ou de Mr. Buddy, Capote met l'accent sur la même impression de solitude et sur l'absence de liens familiaux. Miss Y. vit dans une sorte de musée, comme une vestale très âgée veillant sur des objets ayant appartenu à ses ancêtres. Ici aussi, le temps s'est arrêté pour cette vieille fille, marquée par un retrait du monde et reléguée, depuis sa jeunesse, à quelque élément de décor. Le narrateur l'assimile volontiers à son propre mobilier. Miss Y. se trouve en quelque

---

[59] Truman Capote semble imprégné d'une vaste intertextualité poétique française. Ici, c'est la trace quasi imperceptible d'Arthur Rimbaud que nous percevons. Il nous semble lire, comme avec un léger décalque, le poème « Le dormeur du val », qui oriente progressivement le regard du lecteur vers le soldat mort (dernier vers), alors même que la nature respire la vie et le bien-être.

sorte réifiée au milieu de ses vestiges, car rien n'a été vraiment vécu dans sa vie faite d'immobilisme ; tout y a été frappé de nullité. Voilà pourquoi Capote considère cette vieille créature comme faisant partie du décor de la ville, comme une « chose » qui ne serait pas vraiment vivante, une sorte d'emblème de la vie d'antan et de son lustre : « On ne peut se sentir proche de Miss Y. : elle relève trop du conte de fées, un être à la fois réel et invraisemblable. Elle ressemble au piano qu'elle a dans son salon – élégant mais quelque peu désaccordé… Elle s'assoit dans le fauteuil du père de son père, réceptacle méchamment sévère avec un des bras dont l'angle soutient une tête de lion » (p. 310.) Si Mr. Buddy semble plus vif et installé dans son époque, contrairement à Miss Y., seule à veiller sur les fantômes de sa demeure, il n'en reste pas moins que le joueur de blues se caractérise par un défaut d'attaches. Les liens dont il fait état sont à la fois provisoires et superficiels. Il disparaîtra au moment où d'anciennes liaisons seront à sa poursuite. Tous les personnages, quand ils ne sont pas d'emblée de purs solitaires, s'évertuent à se détacher de leurs anciens proches et à fuir toute relation durable. Cette mobilité s'associe à l'impression que la plupart des actants mélancoliques de Capote vivent une éternelle errance, une impossibilité à se fixer dans un espace clos, définitif, ou dans une famille ou un couple. Ils se rencontrent pour mieux se séparer, se frôlent et demeurent ensemble, avant d'être happés de nouveau vers un extérieur toujours hostile, qui les éloignera de leur prochain. Plus encore qu'un sentiment de solitude, le mélancolique capotien est comme prédisposé à une inévitable scission avec l'autre, quel qu'il soit, ou avec une communauté. Ainsi, le texte *Nouvelle-Orléans* peint un espace paradoxal, grouillant d'une population disparate, dont les membres se heurtent sans que l'on puisse parler pourtant d'un véritable échange. Le nombre n'augmente pas la visibilité des êtres, mais génère une surprenante cécité au sein d'une même société : « Il y a de nouveaux locataires dans l'appartement du dessous, les troisièmes en un an ; un lieu de transit, ce quartier, bonjour et au revoir. » (p. 311.) La nouvelle choisit d'ailleurs de se clore sur un chant que le narrateur interprète à la manière d'un jazz, mais qui s'apparenterait davantage à un blues qui, comme on le sait, est l'adjuvant du *spleen* et raconte, non seulement la misère des Noirs issus de l'esclavage, mais aussi les drames amoureux, le manque d'amour, la trahison de l'aimé ou l'enfer d'un homme malchanceux. Capote termine l'évocation de sa ville natale par des paroles d'une complainte solitaire, chantée par un certain Joe la Mitraille. Ce n'est pourtant que par ce chant mélancolique par excellence que toute la tristesse de la ville évoquée auparavant s'envole. Les gens se reconnaissent et communient par la voix d'un guitariste que l'on ne connaîtra pas davantage et que « les blancs ne voient presque jamais » (p. 314).

Nouvel effet de mise en abîme dans ce récit : Mr. Buddy et Joe la Mitraille inscrivent le thème du blues par le biais de la guitare, instrument en quelque sorte itinérant d'une histoire à une autre. À aucun moment, Capote ne transcrira le mot « blues » pourtant déjà célèbre dans les années cinquante. Mais il choisit les obliques de l'écriture, décrivant d'abord l'effet des ballades que son personnage provoque chez les auditeurs de telle sorte que nous comprenons qu'il s'agit du blues : « À vrai dire, il n'était pas mauvais musicien – extraordinaire même, quand, tard dans l'après-midi, et pour son propre plaisir, il chantait à sa guitare de sombres ballades d'une voix douloureuse et embrumée de whisky : c'était terrible pour les amoureux. » L'on croirait lire un extrait des chroniques concernant les chanteurs de blues du delta du Mississippi au début du XXe siècle, de l'époque des premiers enregistrements, qu'il s'agisse de Robert Johnson, Charley Patton ou Son House. Le portrait de Mr. Buddy, alcoolique invétéré, coureur de jupons, aventurier et désargenté, coïncide, à tort ou à raison, avec ces légendes colportées sur les *bluesmen* poursuivis par le mauvais sort, à l'image du guignon de Baudelaire. Mr. Buddy évoque lui-même son cheminement et résume à lui tout seul l'existence instable et les turpitudes de ces artistes : « Suis allé partout ; j'ai roulé ma bosse en long, en large et en travers ; soixante-cinq ans et une femme qui se colle avec moi n'est pas disponible, pour quelque d'autre ; ouais, vieux, j'ai eu des tas de femmes et des tas d'enfants, mais que je sois pendu si je sais ce qu'ils sont devenus – et je m'en contrefous… Parfaitement, j'suis allé partout, j'suis allé en taule, j'suis allé dans des grandes maisons luxueuses comme chez Rockefeller ; j'ai roulé ma bosse, j'ai bourlingué ». Capote introduit un vrai blues pour illustrer l'expression « sombres ballades » employée plus haut. Le *bluesman* évoque toujours ses longs voyages, ses errances, ses déboires amoureux ou la tromperie d'une femme ; il émet encore des regrets au sujet d'une belle femme aimée puis perdue, comme le fait Buddy à propos de Rhonda Kay, avec force détails érotiques et intimes (« ça c'était une femme, mon vieux, douce comme du miel, et ce qu'elle en pinçait pour moi ! Tout le temps en chaleur… »). Joe la Mitraille, moins doué, dépeindra le même type de femme plantureuse et sensuelle qu'affectionnaient ces artistes ; sa phrase quasi pornographique clôt d'ailleurs la nouvelle : « *I want a big fat mama with the meat shaking on her, yes !* ». Robert Santelli décrit pareillement la vie de Charley Patton, en précisant toutefois qu'il eut une vie qui contribua à élaborer le mythe du *bluesman* : « Il buvait comme un trou, courait les filles, se bagarrait souvent, jusqu'à se faire trancher la gorge un soir. En gros, Patton passait son temps à traîner et à vivre au-dessus de ses moyens et, à part distraire les gens, il ne prenait pas grand-chose au sérieux. Il avait la réputation d'électriser un juke en jouant de la guitare derrière la tête, couché, capable de la jeter en l'air sans jamais rater une note. »[60] La dernière page de *Nouvelle-Orléans* inscrit donc en creux le personnage du chanteur de blues.

Après Mr. Buddy sur lequel Capote s'attarde pour l'avoir côtoyé et écouté de longs moments, apparaît à un carrefour Joe la mitraille, dont les longues mains rappellent celles du mythique Robert Johnson, connu pour son pacte méphistophélique. Ce contrat avec le diable lui aurait offert l'excellence dans l'interprétation du blues. Ses amis qui se moquaient de lui avant le pacte reconnaissaient, stupéfaits par ses spectacles, à quelle incroyable vitesse il avait progressé. Aucun *bluesman* ne le surpassait et, comme le Faust de Christophe Marlowe, Robert Johnson mourut jeune et dans des conditions insolites et violentes. Le mythe est ainsi né, associant la figure du *bluesman* à celle de Faust : « Personne, ni à l'époque ni aujourd'hui, n'a encore pu reproduire entièrement ce don qu'il avait de concorder son chant avec ses phrasés de guitare. La taille de ses mains y était peut-être pour quelque chose. En l'écoutant, on aurait pu croire qu'ils étaient deux à chanter. Ses longs doigts jouaient des notes hors d'atteinte pour les autres, tandis que son goût pour la guitare slide et ses basses insistantes produisaient un son remarquablement riche. Croire qu'il avait passé un pacte avec le diable n'était finalement pas si extravagant. »[61] Comme informé de ces détails, Capote dépeint Joe la Mitraille, double de Johnson, et en fait une figure diabolique et inquiétante, enivrante mais imprégnée de mal : « les doigts de Joe la Mitraille, longs comme des bananes, épais comme des branches de fenouil en saumure, broient les clés, et ses pieds, martelant le sol, font trembler le café… Regardez-le rire, cette face noire délirante, toute couturée de traces de balles, toute luisante de sueur. Y a-t-il un seul vice humain qu'il ne connaisse pas ? » Le *bluesman* demeure un personnage paradoxal, habité par un démon qui, en contrepartie, lui offre la possibilité de jouer comme un dieu. Ce type d'artiste mis en relief par Capote dans *Nouvelle-Orléans* est toujours muni d'une guitare ou d'un banjo (présents aussi dans *L'Arbre de nuit*, comme porte-malheur) ; c'est pourquoi la nouvelle intitulée *La Guitare de diamants* apparaît non

---

[60] *Le Blues, voyage à la source*, Martin Scorsese, textes et documents rassemblés par Peter Guralnick, Robert Santelli, Holly George-Warren et Christopher John Farley, HarperCollins, Vulcan Productions, 2003. Traduction française, Naïve, 2004.
[61] *Idem*, p. 29.

seulement comme un nouvel écho aux récits et aux motifs précédents, mais comme le couronnement des histoires mélancoliques : une sorte de point d'orgue dans l'expression de la bile noire.

2. D'une guitare, l'autre

La Guitare de diamants ne raconte pas seulement la banale histoire de deux repris de justice tentant de s'évader d'une ferme-prison du sud des États-Unis. Truman Capote fait de cette nouvelle un carrefour de mythes et d'intertextualité particulièrement complexe. Et en dépit des apparences, même si l'écriture ne relève en rien du registre fantastique, Mr. Schaeffer et le jeune Tico Feo renouent avec le motif récurrent du double, qui concernera autant les personnages que la reprise d'un mythe célèbre : celui d'Orphée et d'Eurydice. Nous avons déjà montré dans l'étude consacrée à *L'Arbre de nuit* que l'histoire de Kay s'apparentait à une catabase orphique, mais à travers une héroïne, avec une inversion des effets magiques de sa guitare verte, avatar de la lyre du chantre grec. Cette fois, deux hommes réitèrent l'histoire légendaire de la descente aux Enfers d'Orphée en quête de son Eurydice. Toutefois, Capote redistribue les rôles et use constamment du procédé chiasmique, le trope par excellence de l'inversion et du croisement.

Rappelons brièvement le mythe d'Orphée : fils de la muse Clio et du dieu Apollon, Orphée se voit confier une lyre à sept cordes à laquelle il ajoute deux cordes, en hommage aux neuf muses dont sa mère a la charge. On connaît le pouvoir incommensurable de la lyre d'Orphée, capable de dompter les animaux sauvages et de remuer les arbres et les rochers, tous attirés par sa musique divine. Orphée s'est comporté en héros lors de plusieurs aventures comme celle des Argonautes. Mais curieusement, c'est son échec qui le rendit célèbre. Et c'est par une erreur de jugement qu'il devint le symbole de la poésie lyrique et élégiaque dès l'instant où, se retournant pour regarder Eurydice, il la perdit une seconde fois pour avoir transgressé l'interdit des dieux[62]. Tout comme Icare qui ne devint légendaire qu'au moment de sa mort, oblitérant par là même le souvenir de l'ingénieux Dédale, inventeur du labyrinthe, Orphée devient *Orphée* à cause du malheur née de la perte définitive de l'aimée. Le fils aimé d'Apollon incarne l'amour

---

[62] « Au loin cependant, sombre dans l'issue claire/Se tenait quelqu'un dont le visage/Restait obscur. Il se tenait là debout et regardait/Comment sur la bande étroite d'un sentier de prairie/Le dieu du message le regard douloureux/Se retournait en silence pour suivre/Celle qui déjà reprenait le chemin/Entravée par les longues bandelettes des morts,/Douce patiente et incertaine. » Rilke Rainer Maria, *Poésie*, *Œuvre II*, Le Seuil, p. 216.

perdu, la nostalgie et le chant mélancolique. Ne nous étonnons pas alors de ce que Capote ait voulu, à sa manière, retranscrire son histoire en racontant celle des deux personnages marginaux de *La Guitare de diamants*. Le narrateur capotien s'engage alors dans ce défi de faire du duo Schaeffer/Tico Feo le double du couple Orphée/Eurydice. Ne nous méprenons pas : l'histoire de ces deux condamnés se passe sur un fond d'homosexualité qui ne dit pas son nom. Mais très subtilement, à mots couverts, Capote (connu aussi pour son amour des garçons, comme le chantera Orphée après la seconde perte d'Eurydice[63]) laisse entendre qu'il y avait bien plus qu'une amitié entre ces deux hommes. Étrange couple composé d'un homme de cinquante ans et d'un post-adolescent de dix-huit ans, comme si, en filigrane, le narrateur avait voulu dessiner l'ombre du couple Verlaine/Rimbaud ou Van Gogh/Gauguin. On peut lire en effet certaines phrases lourdes de sous-entendus : « Sauf qu'il n'existait entre eux aucun rapport physique de fait ou d'intention, encore que de telles choses ne fussent pas ignorées à la ferme, ils se comportaient comme des amants » (p. 162). On apprend aussi que Tico Feo obtient « la faveur d'une couchette près du poêle, à côté de Mr. Schaeffer ». Les deux hommes deviennent inséparables, travaillent, boivent, rêvent et dorment ensemble, tels des amants unis par un lien puissant. On peut encore voir une scène de premier regard, conformément au topos de la rencontre amoureuse, lorsque Schaeffer est soudain intimidé à la vue de Tico Feo. L'intertextualité littéraire et culturelle concernant les couples d'artistes et de poètes cités plus haut est perceptible et envisageable à certains détails que Capote aurait pu passer sous silence. Par exemple, Schaeffer est connu pour son talent de poète, lorsqu'il transmue les mots des lettres tristes reçues par les détenus en termes euphoriques et doux, en improvisant des messages plus gais. Schaeffer partage avec Verlaine son goût pour la solitude et pour la tristesse. En outre, Capote précise que Tico Feo avait coupé l'oreille d'un adversaire ; or, nous savons que Van Gogh s'était lui-même mutilé (*L'Homme à l'oreille coupée* est un de ses plus célèbres tableaux) pour se punir de son comportement violent à l'encontre de son meilleur ami Gauguin, digne d'une querelle d'amants. Schaeffer partage avec Van Gogh la rousseur de la chevelure et le visage émacié. Certes, on ne peut pas dire que ces

[63] « Orphée s'était dérobé à toutes les séductions des femmes, soit parce que leur amour lui avait été funeste, soit parce qu'il avait engagé sa foi. Beaucoup pourtant brûlaient de s'unir au poète, beaucoup souffrirent d'être repoussées. Et ce fut aussi lui dont les chants apprirent aux peuples de Thrace à reporter leur amour sur de jeunes garçons et à cueillir, avant l'épanouissement de la jeunesse, le court printemps et la première fleur de l'âge tendre. » Ovide, *Les Métamorphoses*, Livre X, « GF », p. 255.

personnages sont la duplication exacte de ces artistes célèbres aux existences tumultueuses, mais l'écriture de Capote sème ces éléments empruntés à la vie artistique et s'amuse à les redistribuer d'un personnage à l'autre, comme pour brouiller les pistes. Dès lors, on ne peut que deviner les sentiments amoureux que Schaeffer éprouve pour Tico Feo, mimant la geste verlainienne au contact du génial Rimbaud, adolescent surdoué et aussi feu follet que Tico Feo. Mais si Tico peut incarner le génie et le sadisme inconscient d'un Rimbaud face au tendre Verlaine, c'est bien Schaeffer qui se brise la cheville, incapable de s'enfuir, infirme à vie, à l'instar de Rimbaud privé d'une jambe, ce qui lui coûtera la vie. Truman Capote joue, particulièrement dans cette nouvelle consacrée au pouvoir d'une guitare-lyre, à entrecroiser les indices intertextuels, un personnage pouvant se substituer à un autre ou partager ses attributs avec un avatar. Le pouvoir du verbe est tel que l'écriture invite Orphée à projeter son ombre et sa tragédie sur un épisode que vivent deux personnages modernes et marginaux, très éloignés du pouvoir de la poésie et de la civilisation hellènes. Pourtant Schaeffer et Tico Feo sont bien les représentants, certes dérisoires, d'Orphée et d'Eurydice.

L'onomastique, une fois encore, nous livre la meilleure piste. Tico et Feo portent les lettres propres à Orphée (Feo à l'envers si on ne prononce pas le R) ; l'on se souvient de *L'Orfeo*, opéra de Monteverdi[64]. De plus, Tico renferme, dans l'ordre, les voyelles contenues dans Clio, la mère d'Orphée. Tico Feo se caractérise physiquement par des traits apolliniens, qui le rattachent au motif du soleil : la blondeur et la clarté du regard (« Ce garçon avait des yeux comme des stries de ciel, bleus comme le soir d'hiver, et ses cheveux étaient de l'or… », p. 159). Sa guitare porte des diamants, rappelant le motif des étoiles incrustées sur la lyre d'Orphée, instrument qui, à la mort du chantre, deviendra une constellation. L'allusion aux étoiles est d'ailleurs fréquente dans cette histoire, même si cela concerne davantage Schaeffer que Tico (nouvel effet chiasmique) : « Il se tint là, murmurant le

---

[64] L'histoire d'Orphée fut l'objet de nombreuses mises en scènes musicales : le livret d'Ottavio Rinuccini en 1601 va vers une conclusion heureuse. Orphée et Eurydice partent vers l'avenir lumineux d'un bonheur encore plus intense. Dans *L'Orfeo* de Monterverdi, en 1607, Orphée, par excès d'enthousiasme, perd Eurydice pour la deuxième fois et la voit disparaître. Il est châtié pour avoir transgressé l'interdit : le regard en arrière. L'auteur imagine une fin moins malheureuse pour Orphée : il rejoint Apollon et gagne l'immortalité. Mais il peut contempler Eurydice à travers les beautés de l'univers. Les Bacchantes sont supprimées. Dans l'opéra de Gluck, en 1762, le personnage de l'Amour, ému par la plainte d'Orphée, vient l'empêcher de se donner la mort et permet aux heureux époux de se retrouver. L'œuvre de Liszt en 1883 représente Orphée par une harpe.

nom des étoiles du soir comme elles s'épanouissaient au-dessus de lui. Les étoiles étaient sa joie… » (p. 159) ; « Mr. Schaeffer baissa la tête. L'éclat des étoiles le faisait pleurer » ; « Mr. Schaeffer revint de sa contemplation des étoiles » (p. 160). À l'arrivée de Tico Feo, Schaeffer n'éprouve plus le même bonheur devant le spectacle des astres et y voit comme des lampes allumées « à travers les lugubres chambres mortes ». Ainsi, le spectre de la mort fait irruption dans la vie de l'homme et nous le rattacherons à la fin de l'opéra de Monteverdi qui donne à Orphée, transporté au ciel par son père Apollon, la possibilité de voir Eurydice, telle une constellation. Capote introduit ce thème orphique, opposant les Enfers, séjour souterrain et sombre, au ciel, mais, loin de réaliser la fin heureuse prévue par Monteverdi dans son *Orfeo*, il inverse les rôles : ce n'est plus Tico-Orphée qui contemple du ciel son éternelle fiancée, mais bien Schaeffer, devenu un Orphée ayant perdu son Eurydice, cloué au sol, la cheville brisée, caressant la guitare aux faux diamants réduits à de la verroterie jaunissante : « Maintenant elle [la guitare-lyre] repose sous la couchette de Mr. Schaeffer, et ses diamants de verre jaunissent. Pendant la nuit, sa main s'égare parfois à sa recherche et ses doigts effleurent les cordes ; et puis, la terre… » (p. 168.) On pourra ici parler de la fin de cette nouvelle comme d'une véritable chute au sens premier du terme, d'un explicit inattendu et tragiquement absurde, de la dégradation d'un mythe que n'a cessé d'annoncer l'écriture de Capote dans ses interstices. Ainsi, Tico et Feo fonctionnent comme deux diminutifs ; l'on pense à un « petit Orphée », une figure affaiblie du grand Orphée. De même, peu avant l'évasion des deux hommes, le narrateur montre Tico se contemplant dans un miroir et se souriant, image du renversement de situation et de la révélation d'un autre reflet. Schaeffer n'a vu qu'une facette de Tico, la plus solaire, la plus avantageuse. L'indice spéculaire signale un dévoilement de l'autre face de Tico, celle du traître et de l'hypocrite[65], sachant pertinemment que son ami serait incapable de le suivre, dans sa course effrénée vers la liberté : « Tandis qu'il luttait ainsi, il lui sembla que le visage de son ami suspendu au-dessus du sien faisait partie du ciel blanc de l'hiver [saison de la mélancolie capotienne]. Il était si lointain et le jugeait… Mais en cet instant il put voir que Tico Feo n'avait jamais souhaité qu'il le suivît, n'avait jamais pensé qu'il le pourrait » (p. 167). Capote désacralise en quelque sorte le mythe d'Orphée et d'Eurydice par ses multiples procédés d'échange de rôles et d'attributs. Ainsi, paroxysme de cette dégradation du sacré dans le profane et le prosaïsme, Schaeffer se laisse porter par le fleuve qui était

[65] Feo signifiant « laid » en espagnol, Truman Capote joue sur un effet de distorsion entre la belle apparence du garçon et sa personnalité sombre et sournoise.

censé les conduire vers la liberté. Ne se retournant pas sur son Eurydice-Schaeffer, Tico-Orphée s'enfuit hors des Enfers de la ferme-prison. Quant à Schaeffer, il devient la figure déchue d'Orphée, dont on sait qu'après son massacre par les ménades, sa tête échoua sur les rives du fleuve Hebros. Schaeffer demeure aux Enfers (dernière syllabe de son patronyme), endossant aussi le rôle d'une Eurydice délibérément abandonnée par Orphée qui fuit sans se préoccuper d'elle. Si le retournement d'Orphée dans le mythe est la cause de la seconde mort d'Eurydice, dans la réécriture de Capote, c'est l'absence de cette transgression qui sauve Tico Feo, le petit Orphée de Schaeffer, garçon aux cheveux d'or, menteur et cynique, dont la guitare aux faux diamants résonnait toutefois comme la lyre du grand Orphée. Tico Feo était en effet capable de subjuguer et de fasciner tous les prisonniers de la ferme, qui font cercle autour de lui afin d'écouter sa musique, même si la tristesse s'empare de leur âme après le récital improvisé. Il ne reste finalement que la musique : « de la musique avant toute chose », avait écrit Verlaine dans son *Art poétique* ; un « *Orphée-blues* » entonné et mis en mot par Truman Capote.

C'est cette même musicalité empreinte de mélancolie qui se glisse dans certains chants depuis que l'homme interprète ses maux sur l'instrument de la dépression par excellence, la guitare, inventée, dit la légende, par Clio, mère d'Orphée, patronne de l'Histoire. Les chanteurs et chanteuses, du Moyen Âge au XXe siècle, d'Europe et d'ailleurs, ne cessent de l'utiliser pour maintenir la mémoire des hommes et leur histoire faite de souffrances endurées parfois dans le silence. C'est justement ce mutisme que l'on désire briser, en rétablissant une parole ôtée à ceux que l'on réduisait en esclavage, qu'il s'agisse des victimes de la traite ou des femmes exploitées dans les campagnes françaises par des hommes.

Les deux nouvelles de Capote que nous venons d'étudier, nous conduisent vers d'autres *chants* et d'autres *champs* exploratoires, ouvroirs de nouveaux blues. L'expression artistique de la bile noire ne peut se tarir car la peine de l'humanité est infinie.

11

Chants folkloriques mélancoliques : blues de la Nouvelle-Orléans, *maloyas* de l'île de la Réunion, chants populaires de l'Inde et chants de toile du Moyen Âge

Les chansons de toile, comme les formes les plus anciennes du lyrisme médiéval, ont évoqué les premières les thèmes nostalgiques associés à l'amour-maladie, l'abandon, la mort de l'être aimé, l'adultère, l'érotisme, le plaisir. Il s'agit surtout de dépeindre et d'exhaler cette solitude essentielle de la femme, qu'il s'agisse de chanter dans le secret des chambres des dames ou à la tombée du jour, dans les chaumières paysannes. Les hommes n'y étaient pas conviés et ces femmes laborieuses s'appropriaient un je dans cette fiction chantée, quand leur moi féminin social se trouvait écrasé par le dogmatisme religieux ou les diktats masculins.

N'est-ce pas cette même revendication de liberté et d'autonomie au cœur d'un esclavage que nous retrouvons chez ces travailleurs noirs du sud des États-Unis, composant spontanément des chants destinés à devenir du blues ? Ces chants ou *worksongs*, qui, aux premiers temps de la traite des noirs, étaient des cris. Olmste, en 1853, évoque ce *holler* (« cri ») qu'il entendit la première fois en Caroline du Sud sur un chantier de chemin de fer : « Quelqu'un lança un son tel que je n'en avais jamais entendu auparavant, un grand, un long cri musical qui s'éleva puis s'éteignit en se cassant dans les aigus ; la voix retentissait à travers les bois dans l'air glacial de la nuit, comme un appel de clairon. Quand ce fut fini, la mélodie fut reprise par quelqu'un d'autre, puis par un autre encore, et par plusieurs en chœur ensuite. »[66] Ces cris modulés, puis repris et amplifiés en ligne mélodique, provenaient à l'origine de groupes d'esclaves lançant des appels d'un champ ou d'un chantier à un autre. Comme les conditions des Noirs ne se trouvèrent guère améliorées avec l'abolition de l'esclavage, ils continuèrent à travailler tout en échangeant ces modulations brèves ou plus

---

[66] Courlander, H., citation de Frédéric Olmsted. p. 82. In *Devils's Music, Une histoire du blues*, Traduction de Hubert Galle, Paris, Denoël, 1985.

longues, se transformant peu à peu en chants plus structurés, comportant des questions et des réponses, ou narrant une histoire connue de tous, comme celle de John Henry. Un travailleur isolé pouvait par un *holler* se relier à d'autres compagnons et trouver ainsi la force de continuer ces travaux harassants et peu payés. Les chants de travaux de la Nouvelle-Orléans sont nés de la solitude et du désespoir d'une minorité exploitée et méprisée, comme on l'a vu précédemment pour les chansons de toile. Dans les deux cas, l'on retrouve la même situation d'exclusion et d'enfermement d'un groupe, fondée sur les rapports de force entre une classe dominante (les hommes, les Blancs esclavagistes) et une classe dominée et humiliée (les femmes et les Noirs). Ces chants de labeur expriment à la fois une extrême souffrance, un ennui profond d'être contraints à certains travaux, et paradoxalement, cette possibilité de s'ouvrir un espace de liberté par les cris, le chantonnement, puis le chant ouvert en une sorte de chorus, jusqu'à ce que ces airs et ces paroles se structurent et se codifient, accédant alors à une sphère intelligible et déchiffrable : le poème médiéval et le blues.

De tradition féminine, les chants populaires indiens (ceux de la meule ou de la mariée) reflètent aussi la condition pauvre des femmes, astreintes pendant de longues heures à certaines activités ardues. Ces chants furent repris par les *mirasis*, des musiciens ambulants en pays bhojpuri, et appartiennent au répertoire de la littérature orale soufie. Mais ces bardes musulmans de l'époque médiévale empruntaient ces airs aux femmes qui les avaient inventés ou repris d'un ancien folklore, transmis de génération en génération. C'est en activant à plusieurs une meule ou en allant puiser de l'eau aux puits que ces femmes, « pour aider à soutenir la cadence et à combattre la fatigue d'un travail nocturne ou de l'aube », faisaient entendre ces chants à caractère mélancolique. Il s'agissait généralement d'un désir amoureux exacerbé par le vide laissé par l'amant ou d'une amoureuse délaissée, le motif le plus populaire étant la *virahini*, c'est-à-dire l'amante abandonnée qui se consume en l'absence de l'être aimé.

Enfin, même si la liste des chants folkloriques de populations dominées ou martyrisées n'est pas close, les chants des esclaves de l'île Bourbon (aujourd'hui île de la Réunion), appelés *maloyas,* retiennent aussi l'attention dans la mesure où, comme précédemment, il s'agit bien de paroles chantées produites pendant un travail, au moment de la coupe des cannes ou du transport de ces mêmes cannes en charrettes tirées par des bœufs ou à pieds, portées sur de longs kilomètres jusqu'aux usines sucrières. Le lien est évidemment étroit entre ces deux mondes d'esclaves et de maîtres de la Nouvelle-Orléans ou de Saint-Pierre (Grands-Bois) de La Réunion. En revanche, si l'on ne retrouve pas le cri originel des *worksongs*, les mêmes modulations brèves ou longues se retrouvent au cœur même des phrases du *maloya*, entre deux versets ou deux phrases. On retrouve dans les deux genres (*maloya/worksongs* devenues blues) la structure répétitive, le lamento et les alternances de phrases comme prononcées par un long gémissement. C'est cette même bile noire, une amertume ravalée du temps de l'esclavage, qui s'échappe des chants des *maloyeurs* comme des voix des *bluesmen*. Nous n'avons pas d'enregistrement des voix féminines entonnant ces chansons de toile, mais en Inde, d'autres femmes aujourd'hui font résonner ces chants médiévaux dans la campagne et l'on peut alors deviner, à partir de ces échos de chansons lointaines, quels étaient les accords des voix d'antan que regrettait François Villon (« La Reine blanche comme lys/Qui chantait à voix de sirène »), ou Gérard de Nerval (« Les soupirs de la Sainte et les cris de la fée »).

L'application d'une méthode de lecture plurielle et textanalytique pourrait faire émerger des points de jonction entre des corpus de paroles appartenant pourtant à des milieux radicalement étrangers et surtout éloignés dans l'espace et le temps. Il s'agirait de souligner autant les convergences de deux contextes différents que les différentiels à partir d'une situation commune[67]. Nous découvrons ainsi ceci :

1. La dénonciation de l'exploitation d'une minorité ou d'une catégorie de la population dominée par une autre

Cet extrait d'un chant de meule fait entendre la plainte d'une jeune femme probablement mise à contribution par sa belle-famille :

> « La nuit ils me font moudre de l'orge et du blé, père,
> Le jour ils me font filer un fil ténu ;
> Ils me réveillent en plein sommeil, mon père,
> Alors que la cour de la maison est entièrement vide. »

En filigrane se trouve l'image de la belle-mère rudoyant sa belle-fille, comme nous la retrouverons dans la chanson de toile intitulée *Belle Yolande* : « Belle Yolande, dans une chambre tranquille/Déplie des étoffes sur ses genoux/Elle coud un fil d'or, l'autre de soie/Sa mauvaise mère lui fait des reproches… ».

---

[67] Méthode de la sémanalyse de Julia Kristeva présentée en annexe.

Les folkloristes Howard Odum et Guy Johnson ont recueilli ce couplet d'une *worksong* où, sur un ton ironique, un travailleur noir évoque les abus d'un capitaine de chantier de terrassement :

« Hé, captain, captain, tu dois être aveugle,
Regarde ta montre ; tu vois pas que c'est l'heure de partir ?
Hé captain, captain, comment c'est possible ?
Les sifflets n'arrêtent pas de hurler et toi tu me gardes au travail. »

Un autre chant est plus direct, dénonçant radicalement l'inégalité et l'exploitation du « nègre » par « l'homme blanc » :

« C'est-y pas dur, c'est-y pas dur,
C'est-y pas dur d'être un nègre, nègre, nègre ?
C'est-y pas, dur, c'est-y pas dur ?
Car tu touches jamais l'argent qui t'es dû.

Mais ça n'a pas d'importance,
Comment que t'arranges ton temps,
Car il faut toujours que le blanc,
Écrase le nègre.

Un nègre et un blanc ?
Qui jouent au seven-up ;
Le nègre gagne l'argent
Mais il a peur de le prendre. »

Le jeu du seven-up réapparaît comme thème central dans d'autres versions, avec des variantes, comme celle qui se termine par la mort de l'homme blanc et la cécité du nègre. Les mêmes narrations s'échangeaient entre plusieurs métiers : « en 1926, un chanteur de blues, Julius Daniels, en enregistra une version analogue à Atlanta (Georgie), et en 1939, le chanteur du Mississippi Tommy McClennan se servit du même thème pour sa célèbre chanson *Bottle Up and Go* (*Il la boucla et partit*) »[68].

Dans les *maloyas* réunionnais, l'on se trouve face aux mêmes cris et plaintes comme s'il s'agissait de dire dans les chants et en l'absence d'un véritable destinataire ce que l'on ne peut exprimer dans le réel, par crainte de dures représailles ou tout simplement parce que l'idée même de s'adresser au dominant était impossible à concrétiser, voire transgressive et donc taboue. Au fond, créer une *worksong* ou un *maloya* revenait à écrire en champ clos, dans une sorte de solipsisme douloureux, puisque le chant, de par les conditions mêmes de sa production ou de sa gestation, n'était adressé à personne. Ces chants fonctionnaient comme un exutoire et ne pouvaient s'orienter vers son principal destinataire (l'exploiteur ou le dominant) que

[68] Oakley Giles, *Une histoire du blues*, Denoël, p. 46.

par l'oblique, comme s'ils portaient en eux-mêmes leur propre négation, cris s'échappant d'une bouche muselée. Cette forme de communication négative qui se rapprocherait de la figure de la prétérition est portée par cette sonorité si particulière des *hollers* ou longs cris (une lamentation aiguë), comme le montre ce blues de Robert Johnson intitulé *Hellhound on my Trail* :

> « *I got to keep movin'*
> *I got to keep movin'*
> *Blues fallin' down like hail*
> *Blues fallin' down like hail*
> *Ummmmmmmmmmmmmmmmmmm*
> *Blues fallin' down like hail*
> *Blues fallin' down like hail.* »

Les répétitions des structures syntaxiques s'allient aux cris ou gémissements, formant ainsi une rhétorique du dit interdit, très éloigné de la profération prophétique ou de la déclamation poétique. Il s'agit d'ailleurs moins d'un cri que de sa rétention, d'un cri échappé et comme objet d'un regret, mais dont l'expression était irrépressible. Le *maloya* de Patrice Treuthardt, extrait du recueil en créole réunionnais *Ansanm pou in gran 20 désanm*, intitulé *Maloya la rézistans* (*Maloya de résistance*), remplace ces *hollers* par des réitérations sonores dont les consonnes et les voyelles nasalisées (en gras dans le texte ci-dessous) se rapprochent du cri intériorisé, d'une parole comme inarticulée, en un chant des profondeurs :

Nou** la **zamé** vi lo sièl* *La rasine la tèr **nou koné ***Nout zombri** lé **amaré*** ***Nou** va **antè**r ali is-**minm***	Nos yeux n'ont jamais vu le ciel Nous ne connaissons que la racine provenant de la terre Notre nombril y est attaché C'est ici même que nous l'enterrerons.
Band gard-forestier *La **rant dan nou**t kaz* *La fé in ravaz oté* *La trap nout **bann** frèr*	Les garde-forestiers Ont pénétré dans nos maisons Y ont semé un tel désordre (ont tout saccagé) Se sont emparés de nos frères
Refrain : ***Non non non non*** ***Nou** lé pa **kontan*** ***Non non non non*** ***Nou** lé pa **kontan***	Non, non, non, non Nous ne sommes pas contents Idem
Reprise du quatrain 1	Idem
Ma**fate Sim**and**ef* ***Ma**ron té pa **kon**tan* *La **mont** si pi**ton *Pou zot **gingn** di **non***	Mafate, Simandef Les marrons n'étaient pas contents Ils ont gravi les monts Afin de dire non
Refrain (*Non…*)	Idem
Quatrain 1	Idem
René-Paul, Thérésien *Serge lavé fou**tan*** *La parti va**vang** oté* *Pou zot fé linion*	René-Paul, Thérésien Serge, eux s'en fichaient éperdument Ils se sont évanouis dans la nature pour se réunir.
Refrain	Idem

Les garde-forestiers représentent la loi et la force dominante de l'époque coloniale et postcoloniale. L'enjeu du chant est double : il s'agit pour le poète-chanteur de prendre position en faveur de ceux qui occupent des terres sans autorisation, fondant leur démarche sur la légitimité (une loi intérieure, non écrite) ; l'allusion et la dénomination des marrons (esclaves révoltés) apparaissent comme une manière de lutter contre ce qui s'apparente à une véritable mutilation – la perte du patronyme et le nouveau baptême (l'imposition d'un nouveau nom) facilités par l'anomie propre au système esclavagiste. L'énumération des noms et leur répétition permettent la protestation (la contestation), le cri des noms désignant ceux qui sont morts en voulant échapper à leur terrible condition d'esclaves.

2. Les narrations autour du thème amoureux : l'amour vécu comme une souffrance, l'érotisme (le désir), les jeux de mots à caractère sexuel

La chanson de toile « met en scène des femmes ou des jeunes filles dont l'amour se dénoue parfois tragiquement. La femme n'y est pas la "dame" de la poésie courtoise, mais selon la conception de l'ancienne épopée, elle éprouve l'amour plus qu'elle ne l'inspire. Les sentiments dépeints sont élémentaires, sans nuances, extrêmes, selon le constant procédé de la poésie populaire : ils apparaissent toujours dans leur soudaineté, comme irrésistible et mystérieux »[69]. Ainsi la chanson des auteurs anonymes intitulée *Bele Doette* se fonde-t-elle sur un dispositif de questions/réponses à trois voix, celle d'une belle interrogeant un écuyer au sujet de son seigneur lointain, celle de l'écuyer porteur de mauvaises nouvelles et celle du narrateur rapporteur du dialogue. La souffrance de la séparation se trouve renforcée par l'annonce de la mort du seigneur aimé :

> « Belle Doette se mit à lui demander :
> — Où est mon seigneur, que je dois tant aimer ?
> — Au nom de Dieu, dame, je ne puis plus vous le cacher. Mon seigneur est mort, il fut tué au combat. »

La douleur d'amour trouve dans la chanson de toile des formes variées, comme l'évocation de la tristesse d'une demoiselle contrainte d'assister au départ de sa sœur en compagnie d'un amoureux. Le motif de l'amour-maladie se déplace vers les rapports entre deux sœurs attachées l'une à l'autre, dans une étrange chanson aux nombreux indices ambivalents :

> « Le samedi au soir finit la semaine,
> Gaiete et Oriour, sœurs germaines,
> Main dans la main vont se baigner à la fontaine
> Que souffle le vent, que ploie la ramée,
> Ceux qui s'entr'aiment dorment doucement.

---

[69] Bogaert J. et Passeron J., *Les Lettres Françaises, Moyen Âge*, Magnard, 1954, p. 98.

Le jeune Gérard revient de la quintaine,
A remarqué Gaiete près de la fontaine,
Entre ses bras l'a prise, doucement l'a étreinte,
Que souffle le vent…

— Quand tu auras, Oriour, puisé de l'eau,
Va-t'en, retourne, tu connais bien la ville :
Je demeurerai avec Gérard, qui me chérit.
Que souffle le vent…

Alors s'en va Oriour, pâle et marrie ;
Elle s'en va, les yeux en pleurs, le cœur triste,
Car Gaiete sa sœur elle n'emmène mie.
Que souffle le vent…

"Hélas ! fait Oriour, que malheureuse je suis née !
J'ai laissé ma sœur en la vallée.
Le jeune Gérard l'emmène en sa contrée.
Que souffle le vent…"

Le jeune Gérard et Gaiete s'en sont retournés.
Ils ont pris tout droit vers la cité :
Aussitôt qu'il y est arrivé, il l'a épousée.
Que souffle le vent, que ploie la ramée :
Ceux qui s'entr'aiment dorment doucement. »[70]

Cette chanson de toile se prête aisément à une lecture plurielle, alliant les trois perspectives présentées en annexe. Une première lecture simple (si l'on s'en tient au phénotexte[71]) retiendrait seulement la souffrance d'une jeune fille séparée de sa sœur aînée, amoureuse et emportée par le jeune Gérard. Mais les indices textuels et plus particulièrement textanalytiques laissent entendre une relation de nature homosexuelle teintée de jalousie : Oriour ne voit pas d'un bon œil le départ de sa sœur qui pourtant a trouvé un fiancé. Dès le premier couplet, la chanson dépeint les deux sœurs comme s'il s'agissait d'un couple d'amants (main dans la main, s'entr'aiment). La jeune Oriour réagit tel un amant éconduit (marrie et pâle). Une autre hypothèse peut être retenue sur ce différentiel des signifiants : Oriour et Gaiete forment une seule et même personne. L'auteur de cette chanson a conféré à son histoire une valeur allégorique, celle de l'éveil à l'amour (Oriour, dérivé du déponent *orior*, signifie « sortir du lit, se lever, naître »). Il s'agit bien de signifier l'accès de Gaiete à l'amour charnel (l'homme l'emmène et il n'est pas question de garder Oriour qui représente l'enfance et l'innocence). Oriour peut aussi représenter la jalousie face à une sœur plus séductrice.

[70] Bartsch, *Romanzen und pastourellen*, I, 5 Leipzig, 1870.
[71] Terme de Julia Kristeva, *cf.* annexe.

Contrairement à elle, Gaiete attire Gérard par sa beauté. Enfin, Oriour et Gaiete peuvent incarner les deux faces féminines (l'une de l'ordre du dit joyeux, de l'amour accompli ; l'autre, plus sombre, du refus de la féminité et de l'homme en soi).

Un chant indien, appelé *gauna*, ou chant de départ de la mariée, résonne de manière identique :

> « J'étais occupée à nettoyer mes bracelets
> Quand soudain est arrivé
> Le brahmane envoyé par mes beaux-parents
> Quand soudain il est arrivé. »

Le messager arrache la future mariée à sa vie d'enfant au sein de sa famille, à ses habitudes et à ses jeux. L'arrivée de l'homme marque une sorte d'intrusion dans l'existence, un acte qui s'apparente à un viol dès lors que la très jeune fille n'a pas tout à fait quitté son royaume d'enfance :

> « J'étais en train de jouer avec mes petits vans en osier
> Soudain, l'heure du départ s'annonça,
> Je n'avais que le temps de me recoiffer.
> Mon corselet a été trempé
> Mon vermillon s'est effacé ;
> Comment me montrer ainsi à mon mari ? »

Curieusement, même si le mariage n'a pas encore été célébré et que la jeune fille se plaint (comme par souci de coquetterie) de ne pas avoir eu le temps de se préparer, le texte quant à lui parle tout autrement. La chevelure désordonnée (recoiffer), le corselet trempé et le vermillon effacé (signifiant la défloration) indiquent soit, par anticipation, ce que l'homme imposé s'apprête à faire subir à sa future épouse, soit la peur sourde de la jeune fille face à la consommation du mariage. L'on ne s'étonnera pas alors d'entendre, non pas des accents de liesse dans les chants des femmes accompagnatrices, mais bien un doux lamento, pareil à la peine d'Oriour assistant au départ de sa sœur : « Comme dans le reste de l'Inde rurale traditionnelle, le mariage bhojpuri se célèbre en deux temps. Une cérémonie religieuse qui unit les époux n'oblige nullement à la cohabitation. Celle-ci a lieu plus tard, selon l'âge de l'épouse et la convenance des beaux-parents. Ce départ ou "gauna" peut être exigé à n'importe quel moment. Installée sur un palanquin que transportent des porteurs Kahar, la mariée s'apprête à quitter la demeure paternelle. Un groupe de femmes entonne alors des chants empreints de tristesse, dont le thème principal est la soudaineté avec laquelle le messager du gauna apparaît. »[72]

De la même manière, mais selon d'autres contextes, les *worksongs* transformés en blues déclineront les douleurs de l'amoureux trahi par sa femme ou de l'amoureuse délaissée comme la chanson de toile la faisait :

« *I can't sleep at night,*
I can't eat a bite,
Cause the man I love,
He didn't treat me right

Now, I got the crazy blues,
Since my baby went away.
I ain't got no time to lose,
I must find him today ».

« La nuit j'peux plus fermer l'œil,
J'peux plus avaler une bouchée,
L'homme que j'aime
Avec moi s'est mal conduit.

Et maintenant, j'ai un cafard dingue,
Depuis qu'mon chéri s'en est allé.
J'ai plus un moment à perdre,
Faut que j'le r'trouve encore aujourd'hui. »

Ce blues intitulé *Crazy Blues* est interprété (pour la première fois) par une chanteuse noire, Mamie Smith, et sa voix féminine accentuait l'expression de la douleur d'amour. Les folkloristes Odum et Johnson avaient noté cette particularité : « la plupart de ces blues composés sont chantés d'un point de vue féminin… Plus de soixante-quinze pour cent des chansons ont ce caractère… »[73] Plus qu'un lamento, il semblerait que le blues féminin, contrairement à celui chanté par des hommes comme Robert Johnson, soit une façon pour ces femmes chanteuses, souvent à la réputation sulfureuse, de régler des comptes. L'on assiste à une sorte de passion haineuse, de chant de douleur mêlé à des menaces ou à de sombres incantations (*Hateful Blues*, par exemple, chant dans lequel Bessie Smith raconte comment elle va se servir d'un couteau de boucher pour se venger

---

[72] Extrait du chapitre « Une approche du soufisme médiéval au bihar » : « Les chants du départ de la mariée ». École française d'Extrême-Orient, *Littératures médiévales de l'Inde du Nord*, 1991, p. 97.
[73] Oakley Giles, *Devil's music, une histoire du blues*, Bessie Smith, blues de femmes, Traduction de Hubert Galle, Paris, Denoël, 1985. p. 131.

de certains hommes). Le mépris et le rejet caractérisent la production de Mary Dixon dans You Can't Sleep in my Bed :

> « Qu'est-ce que t'as ? Arrête de pleurnicher,
> Qu'est-ce que t'as ? Arrête de pleurnicher,
> Trouve-toi un autre endroit pour garer tes os de flemmard.
>
> T'es trop grand pour encore être mignon et j'crois que tu sois bien propre […]
> Ce que t'as dans la tête, c'est pas aujourd'hui que ça va se produire […]
>
> Fous le camp de mon lit, où t'as appris ces manières ? »

Dès lors, les allusions ou obscénités plus directes sur le sexe et l'amour charnel ou le plaisir n'hésiteront pas à se faufiler dans le blues féminin, comme l'indique clairement le chant de Clara Smith, *Wip it to a Jelly*, ou celui de Lucille Bogan, *Shave'em Dry*, intégralement pornographique. Le chant devient alors une manière détournée de dénoncer les abus masculins et les actes de brutalité dont les femmes noires étaient victimes de la part de leur mari ou amant noir. L'on passe ainsi de la plainte à sa sublimation par des paroles destinées à lacérer les bourreaux : « oui, c'est vrai que je t'aime, mais je ne supporterai pas plus longtemps que tu me maltraites », chantait Bessie Smith. Giles Oakley insiste sur ce point : « en dépit de leur importance à la fois comme soutien et comme responsable de la famille, les femmes noires n'échappaient pas à ce que l'on peut qualifier à juste titre comme un double péril, à savoir non seulement d'être noire, mais femme… Beaucoup de noirs trouvaient refuge et consolation dans le sentiment de la supériorité masculine sur les femmes, reléguant ainsi leurs compagnes au sort pas très enviable "d'esclaves des esclaves". »[74]

3. Le glissement vers le sacré : l'arrière-plan religieux, affrontement du diable et du « bon Dieu » (*bondié*)

Pour le poète réunionnais Alain Lorraine, le *maloya* se distingue par ces deux perspectives. S'il s'agit d'une musique réunionnaise issue du « Kabar, symbole de la résistance des nègres-marrons et du rassemblement », on distingue « un maloya roulé, joué lors de rituels, d'un

[74] La première ethnologue noire américaine Zora Neale Hurston, qui avait participé par ailleurs au Harlem Renaissance, mouvement du renouveau littéraire et artistique parallèle à l'âge d'or du jazz, s'est penchée sur la condition des femmes noires, esclaves de leur mari ou de leur amant, maltraitées et réduites à de la « viande à battre ». On découvre cette situation dans les nouvelles *Spunk* ou *Sueur*.

maloya pilé, accessible à tous ». Les deux termes ouvrent de riches signifiances si l'on s'intéresse à leur étymologie et à leur application contextuelle. « Roulé » : l'origine du mot, en ancien français, comporte de nombreuses ambiguïtés. On trouve des formes variées comme *rëoller*, *rueler*, *roueler*, issues du terme ancien *rouelle*, ou petite roue. Doit-on y voir un rapport de contiguïté entre le métier à tisser et cette petite roue qui renferment tous deux une connotation sacrée liée à la vie et à la mort ? Le participe « roulé » employé pour caractériser le « maloya dit sacré » désigne (en première hypothèse) la façon dont on joue, dont on fait rouler les graines à l'intérieur d'un instrument appelé *ouler* (avec apocope du R de rouler). Une autre piste lexico-sémantique nous amène à envisager « roulé » comme un synonyme d'« enroulé », comme l'on parle d'un parchemin retourné sur lui-même ou replié, à tel point qu'ouvrir ce papier (le dérouler pour ainsi dire) reviendrait à en découvrir son sens caché. Le *maloya* roulé signifie que les paroles ancestrales de ce chant de souffrances et de libérations des âmes ne peuvent être saisies que par des initiés, ceux qui savent déplier le chant, en observer les replis secrets. Roulé rend compte de deux actes : plier le message et l'adresser à ceux qui savent entendre et sauront l'expliquer (*explicare* : « dérouler, déployer, développer » au propre et au figuré ; ce terme à préfixe en ex- indique l'action inverse contenue dans le verbe *plicare*, de *trexere*, « tresser, enlacer »). Dérouler, par le *ouler*, un *maloya* roulé s'apparente à dénouer des fils, ouvrir des nœuds, « détisser », « défiler ». On peut alors considérer le *ouler* ou d'autres instruments tels le *kayamm*, le *bobre* ou le *sati* comme des métaphores masculines (les joueurs de *maloyas* étaient des hommes et les femmes se contentaient de répondre par leurs chants et leurs danses) du métier à tisser. Le geste du joueur de *ouler* associe le mouvement de translation et celui de la rotation (les graines rondes ou oblongues roulent à l'intérieur de l'instrument), comme une rencontre de l'horizontalité et de la rotondité, une figure d'homme couché emporté par les roulis du chant, dans une sorte d'incantation qui le conduit vers des zones échappant à l'humaine condition.

En revanche, le « maloya pilé » indique le retour à la terre où l'on « pile » (comme on dame le sol), l'on écrase, l'on tasse les paroles comme pour ne pas les entendre. Celles-ci ne servent que de support à danser, car *piler* en créole réunionnais signifie aussi danser (comme *craser*), mais il s'agit d'une danse endiablée, vive, où l'on ne ménage pas ses efforts. Le verbe *piler* désigne donc l'action de faciliter le chant, comme on écrase ou on mixe de la nourriture pour favoriser son ingestion. Le *maloya* pilé est ludique, comme s'il s'agissait au fond de manger agréablement un mets affiné (raffiné au sens où l'on a distillé les ingrédients). Le *maloya* pilé ne s'écoute pas, mais s'entend et se danse. L'expression relève de la synecdoque, puisque le chant entraîne la danse et que *pilé* indique aussi une danse : le *maloya* inclut la danse et mieux encore, le terme *pilé* indique aussi des graines ou des condiments que l'on écrase dans un pilon : danse et aliment sont placés sur la même séquence différentielle. Danser sur le son d'un *maloya* pilé revient à manger ses paroles, à s'en nourrir, se « remplir » de mots, à l'époque où les esclaves n'étaient pas nourris de manière raffinée, à qui l'on donnait très généreusement du maïs, du riz ou du simple manioc (pour ne citer que ces aliments). Une autre métaphore nous ouvre une voie vers l'image de la femme car *damer* (synonyme de *piler*) signifie transformer en dame, ou en une figure de son camp, un pion qui a atteint la dernière rangée du damier, si bien que « damer le pion à quelqu'un » veut dire l'emporter sur lui, le surpasser, répondre victorieusement à ses attaques. Dès lors *damer/piler* rejoignent l'idée de maîtriser l'adversaire, mais liés à la femme, ces verbes recèlent une connotation sexiste et érotique : *piler* aurait pour sens figuré de dominer sexuellement une femme (écraser en se plaçant sur elle et s'y enfoncer comme on pile le sol). De fait, l'expression « piler quelqu'un » (*pile un moun*) désigne l'action de battre, de faire mal, et « foutre une pile » signifie « donner une gifle ». On voit donc ici, à l'occasion de l'étude des deux expressions *roulé* et *pilé*, que la méthode textuelle et plurielle (à dominante sémanalytique) peut éclairer certaines voies sémantiques et lexicales et ouvrir des pans sur certaines visions de l'homme et de ses rapports avec le sacré et la femme.

Dans les blues de Robert Johnson notamment, le chant associe plus radicalement le diable et la femme adultère ou celle qui trahit. Plusieurs pièces de Johnson inscrivent dans le même contexte une sorte de pacte avec le diable et la malchance due à la mauvaise conduite féminine.

Rejoignant le personnage de Faust, Robert Johnson est devenu un mythe : « Dans sa biographie, les faits et la fiction s'entremêlent, et un bon nombre d'histoires et de mythes hauts en couleur, intrinsèques au genre, se greffent à son héritage musical. Johnson, disaient certains, avait gagné sa virtuosité à la guitare après avoir vendu son âme au diable à un carrefour du Delta du Mississippi un soir à minuit. »[75] Trois de ses blues illustrent cette lutte entre l'homme et l'avatar de Méphisto, l'enjeu étant la parfaite maîtrise d'un art (la guitare), et le versant sombre du contrat diabolique la guigne, notamment en amour. Nous retiendrons en effet *Me and the Devil Blues, Cross Roads Blues* ou *Hellbound on my Trail.* Il y évoque toujours la route isolée, le carrefour, la nuit et la trahison d'une femme ou d'amis. Dès lors,

---

[75] *Le Blues…, op. cit.*

le bluesman réclame le pardon et la protection de Dieu, et le blues devient une confession et une supplication. Profane et sacré s'entrecroisent, l'homme étant au centre d'un conflit entre une haute aspiration vers le meilleur et l'indéfectible mélancolie :

« *Me and the Devil was walking side by side*
Me and the Devil was walking side by side
I'm goin'to beat my woman until I get satisfied
She say you don't see why that I will dog her 'round
She say you don't see why that I will dog her 'round
It must be that ol'evil spirit so deep down in the ground

You my burn my body down by the highway side
You my burn my body down by the highway side
So my old evil spirit can get a Greyhound bus and ride. » (Nous soulignons.)

Comme précédemment au sujet du verbe *piler* et de sa signification sexiste (battre ou violer une femme), Johnson semble établir une relation logique de cause à conséquence entre ses fréquentations démoniaques et ses actes de brutalité à l'encontre de sa femme. S'il marche en compagnie du diable (comme à ses côtés), c'est qu'il a l'intention de battre (*beat*) sa femme jusqu'à sa complète satisfaction. *Beat* peut s'entendre de deux façons : frapper et faire l'amour brutalement. Il peut s'agir aussi de punir une femme car Johnson évoque par ailleurs la tromperie de la sienne et le désir de la châtier au jour du Jugement dernier :

« *If I Had Possession over Judgment Day*

If I had possession
over judgment day
if I had possession
over judgment day
Lord, the little woman I'm lovin'wouldn't
have no right to pray
And I went to the mountain
lookin'far as my eyes could see
And I went to the mountain
lookin'far as my eye could see
Some other man got my woman and the –'a
lonesome blues got me
And I rolled and I tumbled and I
cried the whole night long
And I rolled and I tumbled and I
cried the whole night long
Boy, I woke up this morning
my biscuit roller gone

Had to fold my arms and I
slowly walked away
spoken : I didn't like the way she done
Had to fold my arms and I
slowly walked away
I said in my mind, "Yo",
trouble gon'come some day
Now run here, baby
set down on my knee
I wanna tell you all about the
way they treated me. »

Le *bluesman* se plaint régulièrement d'être la proie du démon ou d'être victime d'une mauvaise femme, soit qu'il rencontre « une meute infernale » sur sa route (*Hellhound on my Trail*), soit que sa femme, séduite par un homme, l'ait accablé, l'obligeant à « baisser les bras » et à errer seul dans la nuit.

Aussi, d'autres chanteurs pouvaient assimiler l'antagonisme entre l'ombre (le blues, musique du diable) et la lumière (le gospel ou la musique dite du bien) en devenant pasteurs, tout en pratiquant le blues par ailleurs. Erwan Dianteill, chercheur à l'École des hautes études en sciences sociales, s'est intéressé aux Églises spirituelles noires américaines de la Nouvelle-Orléans et à cette partition traditionnelle entre ces deux pratiques musicales, blues et gospel. Il donne l'exemple de Son House et de sa célèbre chanson *Preachin' the Blues*. Le chanteur fait paradoxalement du blues une « religion alternative » (à l'instar du *maloya* roulé) où l'on retrouve le ton des sermons (*I'm a preach this blues*), la profession de foi (*I want everybody to shout*) et l'image d'un paradis : « Ce qui apparaît dans ce texte avec force, c'est la vacillation entre la morale chrétienne et le mode de vie qui s'en est affranchi »[76].

À La Réunion, le *maloya* (expression d'un blues proprement îlien) pouvait être assimilé à un rituel, importé de Madagascar, appelé *kabaré*, du malgache *kabary*. Le glossaire d'Alain Lorraine précise que le mot désigne une cérémonie dont les rites reposent sur la fidélité aux ancêtres : « à cette occasion, on prépare de la nourriture et des boissons qu'on offre rituellement aux ancêtres, puis on chante et danse toute la nuit, en s'accompagnant des instruments traditionnels, des maloyas dont les paroles en créole sont parfois précédées de bouts de chansons en français qui

---

[76] Dianteill Erwan, *La Samaritaine Noire*, Paris, Cahiers de l'Homme, Éditions de l'École des Hautes Études en Sciences Sociales, 2006, p. 69.

s'apparentent aux "chansons de cabaret" françaises du XIXe siècle »[77]. Au passage, nous noterons l'autre connotation du terme *kabaré*/cabaret, celle orientée vers le monde des femmes légères. Les cabarets étaient fréquentés par des femmes de « mauvaise vie », entraîneuses, et des ivrognes ou proxénètes ; quelquefois, notamment fin du XIXe et début XXe à Montmartre, la haute bourgeoisie ou la vieille aristocratie y venaient « s'encanailler ». Un même chant, une même pratique musicale (blues, *maloya*, *kabar*) peuvent rendre compte de conflits entre l'Église et le démon, entre la femme facile et l'homme trahi, entre la vie et la mort (l'une des significations de *kabar*, *kabr* en arabe, étant la « tombe musulmane »), le désespoir et l'espérance, le sexe et l'abstinence.

On entrevoit alors une possible passerelle entre ces chants et le *nirgun* indien (ou chant de deuil). Un *nirgun* pouvait reprendre le motif du *gauna* (ou chant de la mariée) pour signifier la brièveté de la vie, la métaphore de la mariée enlevée à sa famille renfermant la violence de la mort :

> « À peine venais-je d'entrer,
> Le jour du gauna,
> Que ma belle-mère m'envoyait déjà
> Chercher de l'eau.
>
> Quand j'ai vu à quoi ressemblait le puits,
> J'ai eu envie de sourire
> Car il y avait une foule tout autour. »

Le commentateur de ce *nirgun* considère le puits comme la représentation du monde illusoire, la foule environnante comme l'image « des dévots égarés à la poursuite des fausses valeurs ». Le sourire est celui du mystique face à la vanité des choses, image familière de la poésie persane[78]. Le chant de l'universelle douleur porte alors peut-être en lui son propre processus de mithridatisation : s'accoutumer aux maux de l'existence, s'en repaître et s'y enivrer par la profération poétique. Le cri devient alors poème. Et l'humanité souffrante peut se tenir debout face à son soleil noir, celui de la mélancolie, et sourire, tel l'ange de la cathédrale de Reims.

---

77 Article « Kabaré », in : *Dictionnaire illustré de La Réunion*, Diffusion culturelle de France, p. 69.
78 *Littératures médiévales de l'Inde du Nord*, *op. cit.*, p. 98.

Conclusion générale

Les nouvelles inédites de Truman Capote, publiées en 1962 et préfacées par Marc Schorer, nous auront appris finalement à suspendre désormais notre jugement quand nous rencontrerons un être humain que la société range dans les catégories du fou, du schizophrène ou du paranoïaque. La frontière entre le normal et le pathologique est-elle si nette et si rassurante ? Vincent, Miriam, Kay et Sylvia, ombres de Truman Capote, ne sont pas des monstres et pourtant, par leur attitude inadaptée au quotidien et tout en décalage, ils sont constamment montrés du doigt par les dits et soi-disant bien portants du monde raisonnable. Les choses ne sont pas si simples et les histoires admirablement tramées par le dédalien Capote, comme autant de toiles d'araignées tissées autour des personnages, laissent entendre que souvent l'excès de tristesse, cet état de *déliaison* et de déliquescence psychique, recèle en son sein précisément ce que la psychiatrie nomme la scission, syndrome du dédoublement de la personnalité. Cette bile noire, vieille comme le monde, atteint certains êtres particulièrement plus sensibles et les plonge dans une solitude qui les éloigne de leur moi social et des autres. Elle creuse un tel abîme qu'ils s'enlisent dans la remémoration douloureuse et pernicieuse des souffrances ou des manques de l'enfance. Les mélancoliques finissent par s'éprendre de leurs maux, caressant leurs blessures, faute d'aimer et d'être aimés car, originellement, dans les premiers jours et les premières années de leur vie d'homme et de femme, ils furent des laissés-pour-compte, abandonnés, lésés ou malmenés par un père, une mère, un parent éloigné ou un adulte détenant une autorité.

Capote demeure un maître dans l'art de la transcription du triste et du morbide, parce qu'il projette le monde tel qu'il est vu, saisi et ressenti par le personnage nostalgique. Il adopte la vision des malades et chaque paysage prend les contours de leur tristesse. Plus encore, il ne s'agit pas seulement pour Capote d'évoquer un espace triste, d'y apposer des teintes moroses et d'humeur chagrine, comme l'ont fait certains peintres impressionnistes. Le narrateur capotien fusionne le palpable et l'impalpable, confère une odeur à une vision, une teinte à un bruit. Il s'agit de générer ainsi une véritable esthétique fondée sur une synesthésie baudelairienne et verlainienne, reflet de l'hyperesthésie des personnages qui sentent en eux les craquelures d'un monde vacillant sous leurs yeux. Film, toile, poésie : le style capotien tend vers l'art total.

Il ne nous aura pas échappé que les quatre nouvelles jouent encore sur le fantastique. Mais nous nous tromperions si nous jugions ce registre essentiel. Le surnaturel, en fait, n'est qu'une grille de lecture grâce à laquelle Capote donne vie à la folie des actants, victimes de la bile noire. Leurs dérèglements produisent le fantastique qui, paradoxalement, devient une réalité, celle du fou qui aura tout perdu, sauf sa raison, c'est-à-dire cette conscience supérieure de l'étrangeté du monde. On ne peut donc plus parler seulement de l'intrusion de l'insolite dans un monde quotidien et banal. En vérité, la suprématie de la mélancolie chez un personnage, au demeurant normal comme vous et moi (pour citer Giono d'un *Roi sans divertissement*), l'amène à ne voir le monde qu'à travers sa maladie. La folie ne saurait être reléguée à un simple motif fantastique ou à un moteur, mais elle devient la matière même de cet irréel, une pâte à modeler le nouveau monde, cette nouvelle réalité qui renferme d'atroces vérités. C'est que le bilieux capotien, probablement précoce, porte son acuité intellectuelle et sa haute sensibilité vers un monde triste, lieu des échecs par excellence. Là réside le génie de l'auteur : certes, le personnage se nourrit de la mélancolie, mais c'est l'univers entier qui la contient, révélant à certains élus, sa profonde connaissance : la Création exsude la mort et déploie une putréfaction ambiante, le spectacle d'un cimetière en marche.

Face à cette aporie vertigineuse, certains trouvent un mode d'expression destinée à sublimer cette conscience aiguë de la mort en mouvement, qui atteint chaque parcelle de l'espace et du temps : blues, ballades et chansons du Moyen Âge, *nirgun* indiens. Il ne reste plus qu'à ces Orphée maudits, atteints par les injustices ou les douleurs d'un système aliénant et mortifère, qu'à chanter l'inéluctable destinée de l'humanité : la fin de toutes choses ici bas, sans espoir de *remédiation*, sans remise de « peine » (de leur chagrin, serait-on tenté de dire). Le pur chant, incantatoire, exutoire et plainte, devient poésie et permet à chacun d'eux de nager au cœur du Styx et de l'Achéron, les yeux fixés sur un soleil qui a perdu de son éclat. Mais, se disent-ils, ce soleil avait-il réellement brillé un jour ?

En guise de clôture de l'étude sur les visages de la mélancolie.

Ceux qui ont trempé leur plume et leur pinceau dans l'encre de la bile noire savent qu'investir le champ du négatif est une tâche infinie. On ne saurait en faire le tour. Par ces trois volets sur la mélancolie, nous avons tenté d'appliquer une méthode de lecture plurielle dont nous présentons maintenant les linéaments, afin de lancer d'autres perspectives et ouvrages à venir.

Nous nous proposons de nous orienter vers une perspective sémiologique qui s'appliquerait à la fois au texte et à l'image, et plus particulièrement à travers la conjonction de trois grilles de lecture : la sémanalyse, la textanalyse et la mythocritique. Il ne s'agirait pas d'apposer successivement ces trois types d'analyse mais de disséquer des œuvres en passant librement de l'une à l'autre, en plaçant la création (l'objet artistique, écrit ou iconique) comme au centre d'un kaléidoscope destiné à mettre au jour des éléments signalant une mouvance de signifiances. Chaque œuvre au fond susciterait sa (ses) propre(s) instrument(s) de lecture, car il s'agit surtout de demeurer réceptif, d'une part aux effets de répétitions (afin de saisir des séquences analogiques puis différentielles), et d'autre part à ce qui plus subtilement (de façon quasi perverse) pique notre attention, la subvertit et la retourne comme pour un parcours à rebours. Les trois outils théoriques apparaîtraient finalement comme un jeu de clés ouvrant des portes sur des zones de textes ou d'images infinis, le but n'étant pas d'épuiser les œuvres mais bien de pointer les zones de convergence de significations multiples.

Le premier but de cette recherche serait d'élaborer modestement une sémiologie de la lecture et d'amener ainsi les étudiants, lecteurs et non lecteurs, à renouer avec une pratique qui leur paraît rébarbative, précisément parce que les explications de texte traditionnelles ou lectures méthodiques auxquelles ils sont habitués débouchent sur un espace forclos et comme *prédit* (au sens où un discours prédéterminé et réifiant, voire sclérosé, serait attendu). Ce type d'approche lectorale que nous préconisons viserait au contraire à considérer toutes les œuvres comme des espaces infinis, l'objectif n'étant pas de trouver un sens pour ainsi dire définitif et rassurant (même si cela resterait un point non négligeable), mais de découvrir ce sens à l'œuvre, de s'immerger, en tant que lecteur-créateur, dans une zone de turbulences où les signifiances sont en perpétuel mouvement, s'éclairant ou s'annulant les unes les autres.

Le deuxième objectif concerne l'exploration du champ du négatif à travers les deux pôles de l'Éros et du Thanatos, deux éléments universels et familiers à tout être humain. Les œuvres étudiées feraient émerger la manière dont les créateurs allient ces deux entités antithétiques, qu'il s'agisse d'œuvres romanesques, de tableaux, de films ou de faits divers narrés ou filmés. Ainsi, par exemple, dans ces trois volets, avons-nous montré comment la mélancolie prend de multiples visages, occupant toutes les zones de création du conte du XVIIIe siècle à la production cinématographique moderne, des chants du Moyen Âge (chansons de toile des femmes à l'ouvroir) aux blues des *worksongs* de la Nouvelle Orléans. Le même signifiant de la nostalgie se combine à l'infini, offrant des gammes diverses et riches de sa douloureuse expression.

Annexe

Emprunts d'éléments de méthode à trois perspectives de critique littéraire : la mythocritique de Pierre Brunel, la textanalyse de Jean Bellemin-Noël et la sémanalyse de Julia Kristeva

a. Ce que nous retenons de la mythocritique

C'est à Pierre Brunel que nous empruntons la technique d'analyse parue à travers ses différents parcours, riches, divers et complexes. Il s'agira de déceler les points d'émergence d'un mythe, les indices explicites et implicites. Nous nous laissons ainsi guider par un élément subtil, « flottant », presque fuyant et qui se retrouverait ailleurs, sous un masque nouveau. La notion de « flexibilité » du mythe nous permettra d'étudier la façon dont un élément mythique effectue avec souplesse sa réintégration dans une œuvre pourtant différente de l'originelle. Brunel propose la répétition comme premier élément de structure du mythe : un texte (une image) à lui (elle) seul(e) peut être une répétition… voire un système de répétitions.

Pour chaque unité sémantique (c'est-à-dire l'œuvre envisagée d'abord dans sa singularité), nous adopterions cette démarche :

- d'abord déceler dans le texte scriptique ou iconique (l'image abritant aussi du texte) les points d'émergence d'un mythe, les occurrences explicites mais aussi ce qui l'est moins. La mythocritique, en se détachant de l'explicite pur, se doit de réduire le non-explicite, de l'explorer ;

- étudier ensuite la « flexibilité » du mythe. Un mot ou un signe (lettre, forme, graphie…) permettent « de suggérer la souplesse d'adaptation et en même temps la résistance de l'élément mythique dans le texte littéraire, les modulations surtout dont ce texte lui-même est fait » ;

- enfin, le concept d'irradiation que propose Brunel se livre sous deux formes : une irradiation sous-textuelle qui réside dans la présence d'une image mythique propre à l'auteur dans un texte puis dans un autre texte mais non explicite ; l'autre forme concerne le mythe lui-même et son inévitable rayonnement dans la mémoire et dans l'imagination d'un écrivain ou d'un créateur qui n'a pas besoin de le rendre explicite. Ajoutons que certaines œuvres engagent, à l'insu de leurs narrateurs, des processus de spécularité, des effets de miroir lorsque deux intertextes se mêlent pour former une double mise en abîme.

b. À la recherche des cryptes et du troisième texte-image placé(e) au carrefour des différents indices intertextuels ou intericoniques : la quête de l'inconscient du texte-image, du cryptophore et du fantasmophore[79]

Les travaux de Jean Bellemin-Noël seront notre principale source de références en matière notionnelle. Le critique et théoricien expose ainsi sa théorie de textanalyse et de psychanalyse[80] : « Mon but est de suivre du doigt au fil des phrases et des pages les méandres et les circonvolutions d'un procès, d'un développement en général cahoteux et chaotique… L'essentiel est de saisir comment cela "se fait texte" ; comment cela s'est fait d'abord objet d'art, comment cela devient ensuite foyer permanent d'émotions affectives autant qu'esthétiques. » C'est en quelque sorte par une vision oblique qu'il conviendrait d'effectuer l'examen des œuvres d'art, en saisissant à chaque fois ce qui se trahit, ce qui glisse vers l'indicible et se voudrait invisible tout en s'exhibant.

Dans ce parcours chaotique, nous serions justement attentifs à la circulation des signes, à leur inversion, leur interchangeabilité, afin de saisir l'inconscient de l'œuvre, de pointer notre regard vers les « nœuds » ou ces « paquets de relations » qui constituent précisément du texte. Même s'il s'agit d'images, de figures, de formes sans mots, nous sommes bel et bien en face d'un texte qui parle à tous nos sens. Il convient donc d'envisager même le concept de figures et de formes dans le domaine syntaxique et rhétorique. Écriture, cinéma et peinture associent tous les arts : le mouvement de la main qui tisse, raccorde et écrit, l'œil du peintre et du rhétoricien qui agencent les formes et les tons. Les champs lexicaux de la peinture, de la littérature et de la stylistique se chevauchent pour signaler la présence de l'autre dans le même. À partir d'une œuvre imaginaire, nous pourrions, grâce à cette technique d'analyse littéraire appliquée à n'importe quelle œuvre, définir du symbolique en faisant émerger le texte,

[79] Je reproduis ici un passage de mon essai sur *Les métamorphoses du mythe de La Dame à la licorne*, composé en 2006.
[80] *Interlignes*, préface.

« prétexte », du travail de tout créateur. Cette recherche nous amènerait peu à peu à changer d'attitude face à l'œuvre et à devenir déchiffreur.

c. La sémanalyse de Julia Kristeva : la mise au jour d'un différentiel signifiant : le signifiant se produisant en texte. Rappel des aspects fondamentaux de cette théorisation en mouvement

Du grec *phaïnesthai*, *pheno* (« apparaître »), le phéno-texte désigne le support, le lieu où le sens naît, sa manifestation. Comme le fait remarquer Marcelle Marini, le phéno-texte défini par Julia Kristeva appartient à la symbolique : « la symbolique concerne la loi du langage, organisation des signes, syntaxe, sémantique linéaire ». Le phéno-texte possède une fonction communicative et ce qui se constitue en corps est appelé « formule », un lieu provisoire où le sens infini se surdétermine et réduit la langue (toutes ses combinaisons infinies) à un sens contextuel : « la formule étant un leurre, elle se constitue en corps [phéno-texte] qui peut affronter le miroir et s'y voir. Alors le vu, par un ricochet nécessaire, refond la germination, la coupe pour la transformer, donc l'arrête en la préparant pour une nouvelle et autre formule » (Kristeva, *Sémeiotikè, recherche pour une sémanalyse*, 1969, 225).

). La formule est un aspect de ce que Julia Kristeva nomme le « nombré » (la chute du nombrant infini dans le phéno-texte) ; le nombrant étant l'infinité signifiante composée de toutes les unités graphiques et phoniques, une sorte de réservoir de combinaisons linguistiques.

- Afin de suivre les mouvements de la signifiance, il faut en quelque sorte dépasser ce phéno-texte, y trouver un moyen de saisir ce qui en lui représente toutes les signifiances, atteindre l'espace du géno-texte. Du grec *genêtikos*, *géno* (genèse ; production propre à la génération). Capter et se mouvoir dans le géno-texte revient à mettre au jour les possibilités illimitées du sens dès lors que nous ne nous trouvons pas dans une structure mais dans un processus d'engendrement de signifiances.

- Il s'agit ensuite de repérer et de mettre en perspective les constituants de la différentielle signifiante, par exemple, entre autres indices signifiants, « toutes les acceptions symboliques dans les différents corpus mythiques, scientifiques et idéologiques » ou « tous les sens qu'un ensemble phonique ou graphique peut recouvrir »[81].

- Marcelle Marini, dans sa présentation de la sémanalyse de Julia Kristeva, retient la notion de sémiotique qu'elle associe au géno-texte, c'est-à-dire du côté de l'engendrement du texte : « elle est liée au pulsionnel, à l'archaïque, aux pratiques langagières de la prime enfance ou de la schizophrénie ». Une lecture sémiotique d'une œuvre viserait un sujet « éclaté », « pulvérisé », disséminé et que voilerait le sujet « thétique » en s'affirmant dans un énoncé. Le sujet du géno-texte s'apparenterait à un moi créateur en crise, en rupture, comme avide de briser les représentations figées et attendues d'un lectorat, d'un spectateur ou d'un auditoire. Il nous semble alors pouvoir rapprocher cette notion de géno-texte à cette phrase de Roland Barthes procédant à une analyse textuelle d'un fragment de la Genèse (32, 23-33) : « l'analyste textuel, il faut bien le dire, si j'en juge par ma propre impression, goûtera cette sorte de friction entre deux intelligibles »[82]. Il s'agira pour nous finalement d'identifier l'oblique d'une œuvre et d'analyser la façon dont la lisibilité d'un texte est détournée, s'orientant constamment vers une amphibologie déconcertante mais vivifiante, car générant à l'infini des sens possibles et contradictoires les uns par rapport aux autres : « l'analyse textuelle cherche à dire, non plus d'où vient le texte (critique historique), ni même comment il est fait (analyse structurale), mais comment il se défait, explose, dissémine : selon quelles avenues codées il s'en va »[83].

---

[81] Formules de Johanne Prud'homme et Lyne Légaré, « La sémanalyse. L'engendrement de la formule », in : Louis Hébert (dir.), *Signo* [en ligne], Rimouski (Québec), http://www.signosemio.com, 2006.
[82] Barthes Roland, *L'Aventure sémiologique*, Seuil, « Essais », 1985.
[83] *Idem.*

Bibliographie

1. Quelques ouvrages de base ayant servi à la réalisation de cette étude

Bellemin-Noël Jean, *Interlignes, essais de textanalyse*, Presses Universitaires de Lille, 1988.

Bellemin-Noël Jean, *La Psychanalyse du texte littéraire, introduction aux lectures critiques inspirées de Freud*, Nathan Université, 1996.

Bettelheim Bruno, *Psychanalyse des contes de fées*, R. Laffont, 1976.

Brémont Claude, *Logique du récit*, Le Seuil, 1973.

Caillois Roger, *Les Jeux et les Hommes*, Paris, Gallimard, « NRF », 1958.

Castex Pierre-Georges, *Le Conte fantastique en France de Nodier à Maupassant*, Paris, José Corti, 1951.

Éliade Mircéa, *Aspects du mythe*, Gallimard, « Idées » n° 32, 1975.

Foucault Michel, *Histoire de la sexualité*, Gallimard, « NRF », 1976.

Freud Sigmund, *Essais de psychanalyse appliquée*, Paris, Gallimard, « NRF », « Idées » n° 243, 1971.

Greimas A.-J., *Sémantique structurale. Recherche de méthode*, Paris, Larousse, 1979.

Hassoun, *La Cruauté mélancolique*, Champs Flammarion.

Kristeva Julia, *Soleil noir. Dépression et mélancolie*, 1987 ; rééd. « Folio Essais » n° 123, 1989.

Leclerc Annie, *Clé*, Grasset, 1989.

Lemire Charles, *Le Barbe Bleue de la Légende et de l'Histoire*, Ernest Ledoux Éditeur, 1886.

Robert Raymonde, *Le Conte de fées littéraire en France, de la fin du XVIIe à la fin du XVIIIe siècle*, Presses Universitaires de Nancy, 1981.

Soriano Marc, *Les Contes de Perrault. Culture savante et traditions populaires*, Paris, Gallimard, « Tel » n° 22, 1977.

Ouvrage collectif, *Contes faits et défaits*, par D. Mortier, J.-P. Guillerm, E. Dahl, J. Bessière, Université de Picardie, février 1979.

Ouvrage collectif, *Esthétique du film, Aumont, Bargala, Marie, Vernet*, Nathan Université.

Le Dictionnaire des mythes littéraires, Pierre Brunel (dir.), Éditions du Rocher.

Dictionnaire historique de la langue française, Alain Rey (dir.), Le Robert.

Dictionnaire de la mythologie, Grant, Hazel.

L'Univers du maloya, Histoire, ethnographie, littérature, par Samson Guillaume, Lagarde Benjamin et Marimoutou Carpanin, Éditions de la DREOI.

2. Les œuvres étudiées

a. Autour de Truman Capote

Capote Truman, *Morceaux choisis, textes anciens et inédits*, Gallimard, « NRF », 1964.

Musique pour caméléons, Folio Bilingue.

Clark Gerald, *Truman Capote*, Gallimard, « Biographies ».

b. Œuvres sur l'univers du blues et le sud des États-Unis

Buzzy Jackson, *Chanteuses de blues*, traduit de l'américain par Luc Carissimo.

Dianteill Erwan, *La Samaritaine Noire*, Cahiers de l'Homme, Éditions de L'École des Hautes Études en Sciences Sociales.

Hurston Zora Neale, *Spunk. Zulma*, Calmann-Lévy.

Oakley Giles, *Devil's Music, une histoire du blues*, traduction de Hubert Galle, Denoël.

Scorsese Martin, *Le Blues, voyage à la source*, textes et documents rassemblés par Peter Guralnick, Robert Santelli, Holly George-Warren, Christopher John Farley, Éd. Naïve.

Zinn Howard, *Une histoire populaire des États-Unis, de 1492 à nos jours*, traduit de l'anglais par Frédéric Cotton, Éd. Agone.

Table des matières

www.ingramcontent.com/pod-product-compliance
Lightning Source LLC
Chambersburg PA
CBHW030652051126
54394CB00010B/349
* 9 7 8 2 7 4 8 3 5 5 6 8 0 *